自信!

天下文化
BELIEVE IN READING

只工作、不上班的自主人生

暢銷增訂版

人氣 podcast 製作人瓦基
打造夢幻工作的14個行動計畫

瓦基（莊勝翔）——著

增訂版序

自主人生計畫，現在就開始實踐！

「這本書是自媒體版的《與成功有約》。」

——歐陽立中老師

• • • •

首先，瓦基打從心底對每一位開卷閱讀、用行動改變人生的你們說聲「感謝」！

自從這本書《只工作、不上班的自主人生》問世以來，我收到了大量私訊和信件的回饋。有人成功跳出僵化的工作模式，有人找到了屬於自己的人生目標，有人走得跌跌撞撞但仍然努力嘗試。每一個跟我分享的故事，都讓我深感自己當初寫書的使命得以實現。

書籍出版的這一年來，好多畫面回想起來仍然歷歷在目。像是清晨六點線上齊聚三百多人的讀書會盛況、在眾人面前分享讀後感言落淚的長期粉絲、巨細靡遺挑出了書中十五個勘誤的大學生、被點燃創業熱情後毅然離職的前同事、在講座之後留在現場跟我深談的讀者朋友們，以及簽書會每一位充滿活力和笑容的讀者，你們的回饋和支持，讓我這一年過得豐富無比！

出版本書的使命與收穫

這本書幫助了自媒體經營者釐清方向，讀者寫道：「在我自己經營個人品牌的道路上，也許是這個網路世界充斥著太多教你快速成功的方法，反而讓我迷失了一陣子，很感謝瓦基在我生命中的出現，讓我更加意識到，自己想要做的，是為這世界貢獻價值。」

這本書幫助了探索者認識自己，讀者寫道：「我也嘗試架設過網站，尋找那些我嚮往的工作型態，卻忽略了要從認識自己開始。在看完瓦基的專長能力表，發現跟我完全不一樣。忘記了儘管朝著自己喜歡的工作型態很好，卻忽略了是不是適合自己的方式，光是看第一章節就讓我有很多不一樣的想法。」

這本書幫助了實踐者邁開下一步，讀者寫道：「我從你分享子彈筆記法的時候開始追蹤，跟著做了子彈筆記，也學你培養了晨間習慣，後來更因為聽了 Podcast，每個月就會想讀完一本有興趣的書。謝謝你願意出這本書，讓我覺得之前追蹤時打下的基礎很超值，我也希望透過這本書開啟我的人生新章！」

讓我最驚訝的，是一位幸運的讀者寫道：「原本我很擔心自己是那種找不到方向的人。可是，在看過你的書之後，我發現了現在的工作和生活，在某種程度上就是我真正想要的。謝謝你的書讓我認清了這點，也讓我採取不同的視角，試著在原本的工作上提高自己的價值、創造更大的價值。」

這也提醒我們，不一定要捨近求遠。有時候，當我們認識自己時，才發現，最甜美的果實往往就在身邊。

我們缺的不是「模式」是「實踐」

過去的一年多來，遠端工作、線上商務、零工經濟成了不少工作者的新常態。這也讓我再次思考，「自主人生」在這樣的環境下又有什麼新的面貌和機會？我個人也在這段時間有了新的體悟。我發現，**「自主人生」不只是一個目標，更是一個過程。而這個過程最重要的部分，就是持續學習、調整和實踐**。

無論我們遭遇挑戰還是取得成就，都是生命不斷成長的證據。為了創造這樣的成長，我們必須親身實踐。

但是，很多人不願意實踐，是因為他們想要獲得的是一種「保證能得到的成果」。

也就是說，大多數的人比較喜歡遵循一種標準的「模式」，就像是職場上常聽到的 SOP。在標準的資本社會裡面，這種模式會促使我們消費和服從。我們會相信一個道理：只要我按照別人告訴我的方法去做、按照公司指定的方法做事情，就保證能獲得報酬，然後就能夠消費買東西，接著再繼續遵照步驟做事情，獲得保證的結果，然後繼續消費。

這種心態，會導致人們只想做那些「保證有成果」的事情，而這也是抹煞創意的兇手。

然而，我們需要的方法是「實踐」。實踐是要求我們投入全力來處理創作的「過程」，而不是過度地關注「結果」。我們必須養成日常習慣，每天都致力於改進我們的實踐。這些實踐就像是：試著寫一篇文章、試著畫一幅圖畫、試著採取一個新方法領導下屬。這種實踐是真的採取行動，但是不保證能獲得成功的結果。

像是一個電影編劇會帶著一堆劇本和對白到工作坊，讓演員們彼此按照劇本進行試戲。一部分的觀眾或許會喜歡，但有一部分觀眾則無感。這個時候編劇的心裡會想：「這齣戲適合這些觀眾看嗎？」

演員們試了一場戲，觀眾沒有反應。演員們試了另外一場戲，觀眾只有零星的反應。演員們試了最後一場戲，觀眾們終於有反應了，覺得這場戲有夠難看的批評反應。但是這個現象，並不會讓這位編劇感到太過憂慮，因為打從這場試戲的一開始，他就已經了解了他即將遇到的風險：接收到各種不同回饋的風險。

也就是說，實踐雖然無法讓我們預知結果，但無論結果如何，實踐都有它的成效。

因為最差的情況也就是此路不通，繞道而行。如同行銷大師賽斯．高汀（Seth Godin）曾說：「實踐不是為了達到產出的手段，實踐的本身就是產出。實踐是我們唯一能掌控的部分。」**我們無法保證自己的實踐是一定成**

功的，但是缺乏了實踐，就不會有產出，也就不會有創意。

因此，在增訂版中，我特別再加入一個「下一步行動計畫」，鼓勵大家設定一個小目標，然後用一個月以內的時間持續實現它。無論這個目標是什麼，重點是透過親身的實踐，去感受那份「成就感」和「自主性」。畢竟，**實踐比理論來得更有說服力**。

下一步行動計畫——21 天啟動你的自主人生

步驟一：自我探索與確認微型目標（第 1 至第 3 天）

首先，按照本書的「Step1 找出擅長又喜歡的事」，列出自己擅長和喜歡做的事。從這些項目中，選出一個或兩個能夠與你的長期目標連結的微型目標。例如，如果你的長期目標是成為一名作家，微型目標可以是「每天寫作 300 字」。

步驟二：實踐範例與行動路線圖（第 4 至第 7 天）

參照書中的「Step5 每一天做一件小事」，將選定的微型目標拆解為更小的任務。例如，如果你的微型目標是「每天寫作 300 字」，小任務可以是「選擇主題」、「寫下大綱」、「實際寫作」。排定這些小任務在接下來的兩週內完成。這時，也可以借鑑「Step10 行動中的配速法」，以確保穩定推進進度。

步驟三：每日檢討與即時調整（第 8 至第 21 天）

這一步是按照書中的「Part4 啟程後的循環式優化」進行。每天花五至十分鐘，評估當天是否達到微型目標，或者哪些方面需要微調。比如，如果你發現寫作 300 字的目標對你來說太過繁重，可以調整為「每天寫作 200 字」。記住，「人生沒有失敗，只有不斷測試」，不斷地調整和優化是達成目標的關鍵。

希望這個 21 天的行動計畫不僅能幫助你更好地認識自己，也讓你能夠更具體和實際地去實現你的微型目標，同時也養成持續檢討和調整的好習慣。記得，實踐永遠比理論更有說服力。

最後，我還是再次感謝一直支持「閱讀前哨站」和「下一本讀什麼」的讀者和聽眾朋友們。你們的支持和回饋是我前進的最大動力。

自序

人生最大的財富，是自主和自由

你心目中的「夢幻工作」是什麼模樣呢？錢多事少離家近，睡覺睡到自然醒？我心中的夢幻工作樣貌是，工作的時候充滿活力，可以決定做什麼和不做什麼；能持續發展別人難以取代的技能組合，創造出來與時俱進且不會被時間淘汰的價值。我的夢幻工作是兼具自由、專業、獲利和成就感的綜合體。

在打造夢幻工作這一段旅程中，了解到工作的真正意涵，體驗了落實理想人生之後的巨大改變。這段旅程是發自我靈魂最深處的吶喊，也是充滿人生意義和成就感的詩歌。我想透過這本書傳達一個重要的訊息：**打造夢幻工作不是一個虛幻的行銷術語，而是一個人一生當中最美好的自我實踐**。

我希望清楚記錄下這一切的開端，是什麼原因促使我打造自己的夢幻工作？最重要的是，如何讓更多人擁有踏上這條路的勇氣、心態和技能？

有一句俗諺是這麼說的：「給一個人魚吃，不如給他釣竿。」我覺得這樣還不夠，最好還要教他如何釣魚。透過這本書，你可以學會打造自己的釣竿、選擇釣魚的海域、提升釣魚的技巧。而要釣的這條「魚」，就是我們心中的夢幻工作。

因此，我不會直接列出死板的執行步驟，而是先說明我遇到了什麼問題，為什麼這樣思考，如何依據自己的個性和專長量身訂做能夠發揮優勢的策略，並且採取有效的行動。最後，才是我選擇「做」什麼和「不做」什麼的原因。

簡單來說，這是一本關於思考、行動和選擇的故事。我相信，任何卓越的成果，都來自於**不凡的思考、平凡的行動、不甘於平凡的選擇**。如果我們想創造屬於自己的夢幻工作，這三個要素缺一不可。

「財富」包含人生許多面向

很多朋友看到我從半導體產業跨行成為一位說書人

的過程，他們最感到好奇的，就是這場轉變到底是怎麼發生的？為什麼在職場上已經小有成就的我，還需要重拾書本，甚至愛上閱讀？這一切的原因，其實源自於一個世俗的動機。

出於想要精進領導管理的技巧，在職場上步步高升；也想快一點學會投資理財的知識，盡快達成財務自由。我曾經深信，金錢和職位是衡量人生的重要指標。

但隨著工作和生活之間的嚴重失衡，我對自己原本的追求產生了動搖。我在領導管理和投資理財書籍之外，開始閱讀更多關於人生意義和個人成長的書籍。漸漸發現，所謂的「財富」不是只有金錢和職位，還包含了其他像是個人成就感、豐富的人際關係、難以量化的專業技能，以及對這個世界的影響力等。

一個穩健獲利的投資者，常常是懂得分散風險，把投資項目分散到不同類別的人，如同俗諺說：「雞蛋不要裝在同一個籃子裡。」對應到個人職涯和人生發展，也需要將重心分配到不同的領域——工作上培養多元技能、生活上擁有多元興趣、人際上照料自己在乎的關係。當我們的眼光放在長遠的人生財富，就會更懂得兼顧與調配每一種財富之間的關係。

追求財富自由是為了打造自主人生

我認為，現在許多人渴望財務自由，更深的背後動機是嚮往完全自主的人生。但其實，自主的人生不一定要等到財務自由之後才能開始，從現在就可以打造，而且永遠都不遲。

在商業世界中，最好的競爭往往是沒有競爭，也就是所謂的「藍海市場」。許多獨占企業會謊稱自己沒有獨占市場（像是 Google）；相反的，非獨占企業卻到處聲稱自己已經獨霸一方（像是一些當地特色餐廳）。競爭雖然有助於整體市場的進步，但不利於個人或公司的獲利。如果一個產業處於高度競爭的狀態，其中一家企業就算倒閉了，對這個世界也沒有什麼影響；其他大同小異的競爭者，永遠準備好取代它的位置。

對於個人職涯來說，當我們把眼光放在跟別人競爭，也只是做跟別人一樣的事情。而更具優勢的職涯策略則是，以真實的自己去解決某一個獨特的問題，做出某一項非我們不可的產品或服務。並非因為害怕競爭，而是不需要與別人競爭。在這個時候，我們才會擁有獨占的職場優勢，同時也擁有最高程度的職場自由。

當我們「活出真實的自己」，在財富方面，沒有人能夠左右我們的價值觀；在思考方面，沒有人能拖延我們思想的進步；在快樂方面，沒有人能阻止我們感到幸福。退出競爭，反而變得所向披靡。

閱讀是人生財富的複利效應

在生活和工作中，常有很多人能說出滿口的道理，但奇妙的是，他們看起來明明知道，卻不一定做得到。這正是因為「知道」和「做到」之間有一道巨大的鴻溝。

如果我們閱讀很多書籍，只為了知道裡面的知識，卻不曾身體力行去應用，那對自己並不會有實質幫助。當我們把書中所學的付諸實踐，去實驗對生活能帶來什麼改變，唯有如此，個人成長才會真的發生。

因此，在打造夢幻工作的這一條路上，我選擇透過大量閱讀之後的親身實踐，用自己的生命「活」出這個看似廣為人知的道理，卻鮮少人實際踏上的旅程。而我現在的成就，就是實踐每一本書之後的總和。

透過閱讀和實踐，我快速累積人生財富的各種面向。

我學到投資理財的真諦，依循資產配置的觀念投入資金，穩健累積財務資產。我學到領導管理的技巧，在職場上順利晉升，帶領團隊披荊斬棘。我學到生活作息的重要，透過每一本書帶給我的微小改變，調整出最適合日常規律。我學到商業與創業的方法，發掘說書市場的痛點，持續創作和發揮影響力。我學到人生意義的省思，擺脫傳統的狹隘價值觀，經由不同角度去思索我在這個世界上的獨特價值。我學到最重要的一課，是閱讀能讓我成為一個截然不同的人。

閱讀，就是我的再造父母。

我們的身體機能有成長的限制，但心智思想的發展卻沒有限制。而心智就跟肌肉一樣，如果不常運用就會萎縮。身體就像電腦的硬體，要定期維護保養；心智就像電腦的軟體，可以透過學習和優化，持續更新它的活力和智慧。

閱讀，就像是心智的升級包，用來提升我們的思想。

我們可以透過閱讀，直接從全世界頂尖的專家身上學習，不必受限於身處的生活環境，也不必僅限於周遭親友與同事的視野。就像撰寫軟體程式語言一樣，我們不會只跟坐在隔壁的同事學，而是連上網路跟世界最新的資訊接軌。

閱讀，讓我們能不受時間、空間和環境的限制。

重點並不在於我們讀了多少本書，而在於我們如何讀它、如何用它、如何實踐它。閱讀可以是「無用」的消遣或精神的昇華，但它也可以是對我們人生「有用」的神兵利器。為了讓閱讀發揮它真正的效用，我們必須親身實踐，把作者的經驗和智慧體現到生活中，使自己產生實質的改變。

我撰寫這本書的內容，表面上看似講述我如何從科技業到創業的故事，但實則是我實踐無數本經典好書的奇幻旅程。當你在閱讀本書的時候千萬不要誤會，厲害的不是我，而是書中的智慧——人人皆可取用的智慧。

如同第三任美國總統湯瑪斯．傑佛遜（Thomas Jefferson）曾經說過：「當別人從我這裡得到想法，他有了指引，而我沒有損失；就像別人跟我借火點蠟燭，他有了光明，而我沒有變暗。」閱讀帶給我的所有美好，就像點燃了我蠟燭的火焰。

我想做的，就是繼續點燃自己的火焰，為世界帶來更多的光。

一本自我實踐指南

這本書的核心精神將圍繞著「**只要改變心態、掌握正確方法，每個人都可以走出自己的路**」。我想讓更多人了解，遵循標準教條和隨波逐流的職涯，並不是人生的唯一解，其實每個人都擁有創造精采人生的潛力。希望透過我的實踐經驗，提煉出這些對我有著巨大助益的智慧，以實用、可依循的架構呈現出來。

我想透過這本書提出一個融合心態設定、專業技能和商業思維的自我實踐指南。若是想在職場專業上闖出一番成就的人、想開創一項嶄新事業的人、想在正職之餘成功經營斜槓副業的人，應能從書中找到成長的軌跡和方法。這本書會以系統化的方式，說明每個步驟的思考脈絡和執行方法。書中的策略可以應用在生活中的各種層面，幫助你重新思考和打造自己的人生。

更令人期待的是，當我們將眼光放在人生的更多元面向時，我們會制定出更好的策略，建造難以被取代的優勢，掌握人生和職涯規劃的方向和自由。現有的條件並不是屏障，我們唯一的限制，只有看待這個世界運作的方式。這本書將幫助你突破限制。

目錄 Contents

Part 3 保持動力的三種方法——內在動能

Part 4 啟程後的循環式優化——回顧與檢討

前言

跳出線性職涯，為自己創造工作和生活

當你走在錯的路上，生命總是會用各種方式提醒你，有時候也許是一場爭吵，就像是我女友對我下達的最後通牒。那天傍晚，屋外的天氣冷冽，屋內的氣氛更冷。

她表情嚴肅，語氣平淡地對我說：「你對生活都不做規劃，導致我的生活也總是因為你方寸大亂，我不想再這樣下去了。」

這是女友對我說過最重的話，在我聽來是一個相當嚴厲的指控。

「妳說什麼……？」

「你是真的不懂還是假裝不懂？」

「……」我語塞。

「我已經受不了這樣的生活，我想跟你分手。」她冷冷地說。

我靜默了。我聽得出這是哀莫大於心死的冷淡。或許，這一次是來真的了。

這句嚴厲的話，直接戳破了我的驕傲。而這份驕傲，源自於我對工作的癡迷。

我從台大應用力學研究所畢業之後，就直接進入台積電服研發替代役。從新鮮人開始，我就抱持著一種「工作至上」的兢兢業業態度，總是對每一次的任務和專案投入全力。我完全不在乎加班或犧牲假日和女友相處的時間，只想要爭取最好的表現，獲得最快的晉升加薪。這種使命必達的工作態度獲得了回報，我如願以優異的表現持續晉升。但是在這個過程當中，我逐漸失去了自我。我打從心底相信「一個人的職位和薪水高低，代表一個人的成就」。

自然而然地，當我表現得愈好，公司對我就有更多的期待，我心中又產生了更多使命感，加倍努力地奮力拚鬥。這個循環造成我始終把工作擺在首位。在當時，我沒有安排行程的習慣，也沒有規劃年度計畫的概念。反正老闆交代給我什麼，就全力以赴，有哪邊需要我支援，就不辭萬難相挺到底。在工作上，我幾乎不曾說「不」，我知道自己只要在工作上一直衝、一直衝，就會有表現、能升官、賺很多錢。

如果工作與生活的其他事情衝突，我一定果斷選擇工作優先。朋友的邀約？可以改期。女友的約會？可以延後。出國的行程？可以取消。返鄉的安排？那得看最近的工作忙不忙碌。我堅信只要工作表現好，其他犧牲都是值得的。

被工作掌控的生活

實際上，儘管我對於工作很有一套，但是對於私人生活的規劃卻是一塌糊塗。

順利晉升主管職之後，我選擇從新竹台積電廠區轉職到台南台積電廠區，想要挑戰新的職涯可能性。台南預計興建的是最新的五奈米晶圓工廠，全公司各路好手都準備在這邊大展身手，說白話一點就是，新廠的晉升機會比較多。

我當然不想錯過這個千載難逢的機會，在尚未與主管、女友和家人商量之下，我直接答應了新廠轉職的邀請，而且敲定了轉職的時間和後續安排。我當時覺得這樣「先斬後奏」也沒什麼大不了，畢竟工作就是第一優先，對一個有抱負、有衝勁的人來說，接受新的工作挑戰，也是很合理的吧？

在答應轉職之後的第三天，我才想起來要告訴女友這件事情（事後回想覺得真的很誇張）。

她聽到之後感到一陣錯愕，不能諒解地對我拋出各種質問：「你竟然沒有跟我商量就決定這麼大的事情。」「新竹和台南是遠距耶！」「剛搬到的新住處該怎麼辦？」「分隔兩地的情況會持續多久，你未來的計畫是什麼？」但當時我回答的態度就是一副「因為是工作的考量，而且我已經決定好了，妳必須支持」的姿態。計畫？哪有什麼計畫，只要我能在工作上有最好的表現、爭取到最好的機會就好了。

在之後等待轉職的日子當中，因為兩人的理念不合，我跟她的關係持續降溫探底。她心中規劃的是「兩個人」的安排，而我心中卻只有我「一個人」的安排。我當時的確沒有長遠的計畫，也沒有固定的生活規律，一心只以工作為重。

這個醞釀中的冷衝突，終於迎來了壓倒駱駝的最後一根稻草。

那原本是一個普通的星期四，主管在早上邀請全部門同事當天傍晚一起去 KTV 歡唱，慶祝他晉升到了一個更高的職位。我毫不猶豫地答應了，畢竟這麼開心的場合，怎麼能不到場同樂呢？直到接近下班時間我才驚覺，今天傍晚原定是跟女友一起去餐廳用餐！而我當下怎麼做呢？我先打電話去取消餐廳的訂位，然後才打給女友告訴她：「抱歉，晚上要幫老闆慶祝，所以餐廳的預約我先取消了，改天再去吧。」電話的那頭是無聲靜默，好幾秒後她才冷冷地回道：「知道了。」

晚上，結束了 KTV 狂歡之後，我回到住處。見到我一進門，她在客廳對我說出這段話：「你對生活都不做規劃，導致我的生活也總是因為你方寸大亂，我不想再這樣下去了。」

「我已經受不了這樣的生活，我想跟你分手。」

當天，我沒有回嘴。我壓抑著內心的憤怒、愧疚、埋怨和自以為是的情緒，一方面氣她為什麼不能諒解，另一方面也氣自己的作為有多麼渾球。有一個自我質疑的念頭開始浮現出來：「在親友的眼中，我是人生勝利組，被弟妹們當成榜樣。但實際上，我除了對工作很有想法，對自己的生活態度卻是毫無目標、毫無章法。我到底為了工作，把自己變成了一個什麼樣的人？」

這場情侶關係的危機，讓我開始思考生命與工作的意義，更改變了我的整個職涯跑道。

放棄高薪工作，但我過得更好

2021 年的年底，我正式向別人眼中的夢幻工作道別，卸下了台積電主管的職位，全職投入我自己的夢幻工作：一位自由自在的說書人。

從此之後，我的一天變得跟以往截然不同。

早上醒來，簡單梳洗之後泡一杯熱拿鐵咖啡，坐到位置上開始閱讀。閱畢，闔上書本，在鍵盤上胡亂打字，試圖回憶剛剛書中的重點。接近中午，從冰箱取出食材，烹飪我最喜歡的田園雞胸義大利麵。

下午打個盹後，接著收 Email 處理雜務。收到讀者寄來的感謝信，內心一陣澎湃和感動。收到商業合作邀約，如果有興趣，我就欣然接受；對大部分沒興趣的邀約就果斷拒絕。我可以決定自己的合作對象和合作方式，沒有人會強迫我一定要接受或不接受合作。

五點過後是我的運動時間，我在社區健身房戴著耳機收聽 Podcast，同時跑步揮灑汗水。傍晚通常煮一碗什錦湯麵，看著時下最流行的美劇度過用餐時間。晚餐後，偶爾進行說書頻道的錄音，偶爾做筆記或寫文章。一整天下來，我的手機不曾響過，就算有響，也是打來推銷信貸和車貸的電話。

假日的時候，如果我想要多做一點事，心裡也覺得甘之如飴，因為我做的是自己全心喜歡的事。我想的是如何多利用一點時間，把頻道做得更好，創作更多的內容，幫助到更多的讀者。至於其他的休閒時間，我有更多的空檔用來跟自己對話，跟女友和朋友相處。我可以選擇什麼時候返鄉回老家，不用受限於上班族既定的假日，或遷就專案任務來安排時間。

這種新的生活型態，是我以前難以想像的。

我以前很害怕在下班時間接到公司電話，只要手機鈴聲一響，肯定沒什麼好事。上班時間一直接電話則是常態，因為永遠有做不完的事。如果是假日接到電話，要嘛加班處理事情，要嘛緊急加入線上戰情。雖然我不喜歡開會，可是偏偏公司的會議一大堆，尤其是參加大型會議時經常會聽到恍神。在工廠生產線時常會遇到突發狀況，留下來加班處理事情也成了家常便飯，偶爾成行的宵夜團是下班後僅有的樂趣。為了安排假期，我必須跟同事提前協調，要考量任務的緊迫程度，也要顧及主管們的觀感。

別人眼中的夢幻工作，在我的眼中並不夢幻，因為我的「生活方式」必須完全圍繞著「工作型態」來打轉。

而在我眼中的夢幻工作，是「工作型態」圍繞著自己「理想的生活方式」來進行。

自從 2018 年女友控訴我對工作已經走火入魔之後，我不斷質問自己：「這麼努力工作，到底是在追求什麼？」漸漸地，我發現自己追逐的是一個虛幻的目標，是更高的地位、更大的權力、更多的金錢。我開始懷疑，就算我追到了又怎樣？我會因此而滿足嗎？我犧牲的一切值得嗎？

這個時候，有一個念頭逐漸清晰了起來：我不想再當一隻漫無目標只會追著公車奔跑的小狗，我想當自己人生的主人。

我想挽回她，我想挽回我的人生。

因此，我開始廣泛閱讀書籍，一步一步改變自己的舊觀念，打造一個嶄新且截然不同的自我。我試著用「子彈筆記」來主動規劃工作和生活，我使用「商業模式圖」來設計心中理想的工作模式和生活型態。

2018 年 11 月，我開始在寫作平台 Medium 上面撰寫讀書筆記，為了記錄自己閱讀每本書籍之後的想法和收穫，我會花費兩到三週的時間，細心彙整每一本書的金句良言，並針對書中讓我有所啟發的部分進行更深入的討論。在我發表了十多篇文章之後，開始有讀者透過留言讓我知道，這些心得文章對他們帶來的幫助。

「原來還可以用這種觀點來讀這本書。」

「謝謝你的整理，讓我就像重新複習了這本書。」

「我也有相同的困擾，謝謝你介紹了這本書，我一定會去找來讀。」

這些留言令我感到十分驚喜，沒想到我「公開分享」閱讀筆記這個簡單的動作，除了幫我加深記憶、改善生活、累積知識之外，竟然可以幫到網路上素未謀面的讀者。循著這份利己利他的動力，我開始更認真、更持續地撰寫每一篇閱讀筆記。

一邊上班，一邊開始打造夢幻工作

2019 年的時候，世界各地的製造業掀起了一波「數位轉型」的風潮（例如台積電、鴻海等），我在公司負責的工作剛好是工廠的軟體系統專案，需要替工廠架設大量的網站和自動化系統。當時已經擔任主管職的我，主要工作就是管理團隊，指派成員去執行專案，自己幾乎沒有動手實做的機會。我看成員忙著設計新的介面、討論新的功能、研究新的網站和程式技術，內心感到心癢難耐。因此，我突發奇想：「既然我對數位、網路和系統的領域這麼感興趣，何不自己架一個部落格？」

於是，我開始利用下班和假日的時間，學習和架設自己的書評部落格「閱讀前哨站」，在 2019 年 6 月正式上架之後，我就把所有的舊文章搬遷過去，改在我的部落格上面寫作。同一個時間，我也成立了 Facebook 粉專和一份每週寄送的電子報，並且開始把我的讀書心得文章也分享到許多閱讀同好的社團裡面。我以穩定和持續的頻率，每週發表一篇文章，開始吸引愈來愈多的讀者追蹤。接著，有許多讀者告訴我，希望透過聲音的方式聽我說讀書心得，我也鼓起勇氣創立了「下一本讀什麼」Podcast 說書頻道，讓原本的閱讀筆記透過聲音的形式，接觸到更多讀者。

我透過大量閱讀（涵蓋書籍、網路文章、教學影片）改善了自己的生活態度和習慣，提升了在公司領導團隊的專業能力，並且將學到的商業模式和社群經營技巧，逐項套用在自己的說書事業上。

2020 年 12 月，我開始經營部落格的一年半後，網站的瀏覽量突破 100 萬次瀏覽，文章也開始被轉載到《關鍵評論網》、《經理人》與《商業周刊》等媒體網站上。2021 年 5 月，開始錄製 Podcast 的八個月後，總收聽量突破 100 萬次下載，直到現在，成為了最受歡迎和成長最快的說書頻道之一。

自從我重新找到工作和生活的平衡，開始學習怎麼安排自己的優先次序，並持續朝向心中嚮往的工作型態邁進時，奇妙的事情發生了。我在前公司的工作表現不降反升，自媒體的說書事業持續成長，與女友的關係也增溫甚於以往。

我終於領悟到：**這個世界不是只有一種生活和工作的方式**。

我變得更重視自由和自己的貢獻，而不是職位和薪資。我變得更關注內心的嚮往，而不是別人的期待。我透過成長的飛輪（圖 1）一直前進：擬定目標、採取行動、實驗試誤、持續改善。漸漸地，原本的斜槓興趣變成了一個能夠獲利的商業模式，一個嶄新的副業型態儼然成形。

經過這段旅程，我達成一項始料未及的成就——走出自己的路，打造出自己的夢幻工作。

自主，意味對人生負起全責

接著，我開始認真思考從台積電「離職」這個選項，試圖在工作和生活當中，取得更多的自由和自主。在經過了將近一年漫長的省思，與伴侶和家人的充分溝通，仔細衡量各方條件之後，我終於克服內心的百般掙扎，下定決心。

2021 年 9 月，我在本業和副業之間做出抉擇，選擇了「鮮少人走過的那條路」，從年薪百萬的科技業離職，投入當一位全職說書人。我終於明白自己能夠貢獻給世界的獨特價值，而且我運用這個價值，打造出自己心中理想的生活和工作型態。

新的工作型態——我的夢幻工作——給予我高度的自由，讓我擁有充分的使命感，以及不亞於以往的總薪酬。但伴隨而來的，是更嚴苛的自律要求、做出決定的壓力，還有不像以往穩定的收入金流。

以前的我不需要擔心工作的時程，公司會幫我安排好上下班時間。現在的我要對自己的時程負責，保持自律的生活，維繫創作和休息的平衡。

以前的我不需要擔心任務的抉擇，公司會要求我執行哪些任務。現在的我要對自己的抉擇負責，我得自己決定哪些事情重要、哪些合作夥伴值得信賴。

以前的我不需要擔心財務的收支，公司會穩定支付我可觀的薪酬。現在的我要對自己的收支負責，我必須管控自己的開銷，選擇賺哪些錢、不賺哪些錢。

現在的我不一定比較輕鬆，但是能做出自由的選擇，就令我感到心滿意足。

自主的代價是責任，自主就是一個人對自己負責任的極致展現。如果我們想尋求更多的自主，長期來說，最可靠的方法就是承擔更多責任。對自己的人生負起完全的責任。

願意起身探索、試圖打造夢幻工作的人，就是對自己興趣、專業和嚮往的生活型態，負起完全責任的人。這種負責，是勇敢認識自己的真正渴望，而不是追尋世俗的期望；是透過實際行動去實驗、嘗試、回顧和改善，而不是坐在場邊悶悶不樂；是相信我們可以樂於工作，但不會疲於上班；是邁向自主規劃的人生航道，而不是放任自己隨波逐流。

請抓穩，我們要啟航了。

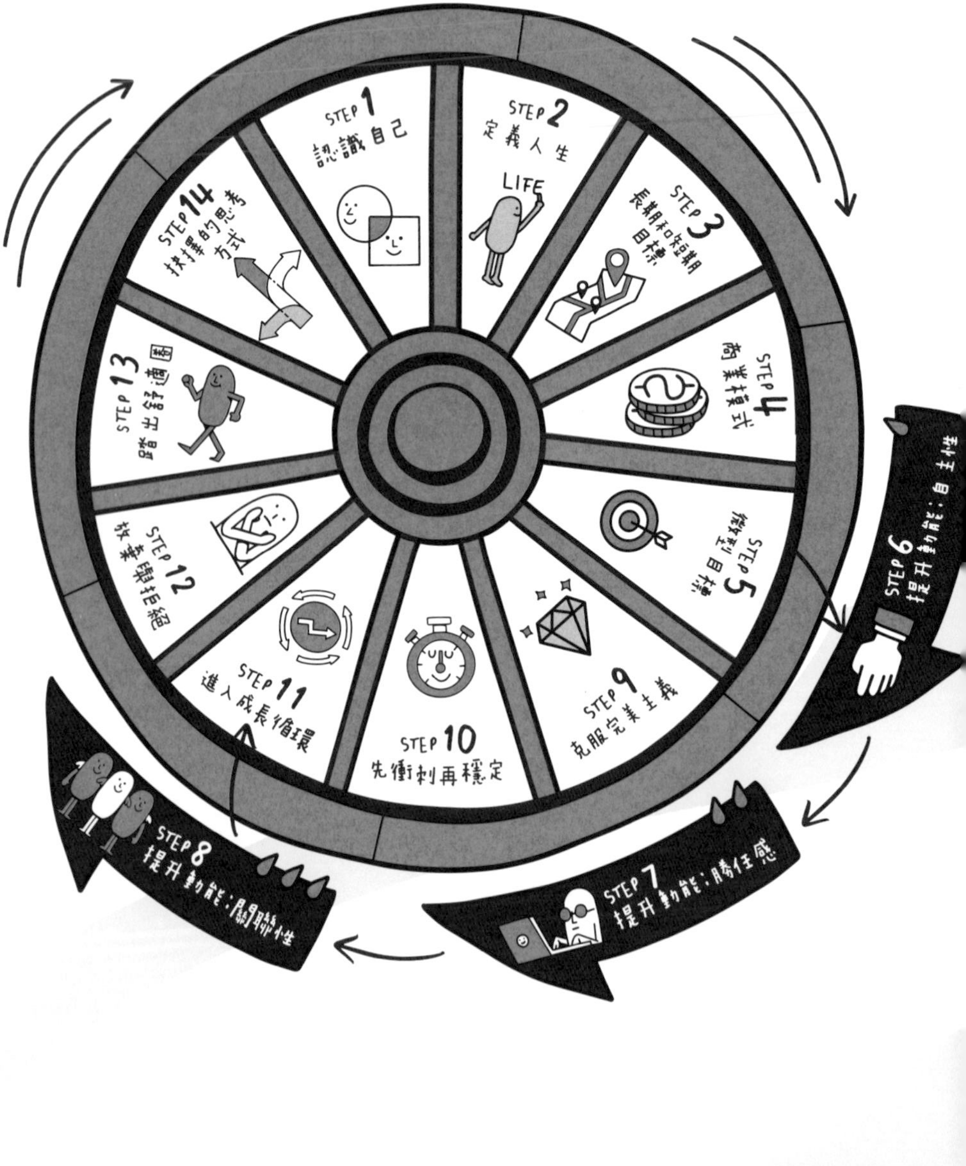
STEP 1 認識自己
STEP 2 定義人生
LIFE
STEP 3 長期和短期目標
STEP 4 商業模式
STEP 5 鎖定目標
STEP 6 提升動能：自主性
STEP 7 提升動能：勝任感
STEP 8 提升動能：關聯性
STEP 9 克服完美主義
STEP 10 先衝刺再穩定
STEP 11 進入成長循環
STEP 12 放棄與拒絕
STEP 13 踏出舒適圈
STEP 14 抉擇的思考方式

圖1　瓦基的成長飛輪

Part 1

畫出專屬你的人生地圖

—— 從自己出發

我是一個來自台灣後山——台東——的小孩，父親是教師，母親是公務員，還有一個經常跟我打鬧的妹妹。

十八歲之前，我都在台東成長和求學，從小因為喜歡繪畫，國小和國中都在美術班。我不喜歡按照老師的規則去畫圖，常常天馬行空畫一些奇怪的主題、嘗試不同的繪畫技法。在學期間，我總是喜歡帶頭調皮搗蛋，中午還時常被老師叫去罰站。我在課業表現上看似「乖乖牌」，可是內心的創造力和叛逆總是蠢蠢欲動。

高中的時候，我對科學很感興趣，參加了科學研究社，經常動手做一些古怪的實驗，參加各種科學競賽。高三的時候面臨大學選系，我的父親是電機老師，自然希望我選擇走電機方面的領域。我出於叛逆不想走跟父親一樣的路，選擇了未來有可能研發出鋼彈的機械系。

按照標準的升學制度，我考取了中央大學機械系，大一都在玩線上遊戲「魔獸世界」，同時參加一些系上活動，發揮自己的美術專長協助製作各種美工道具。直到有一次，同樣來自台東的學長告訴我，如果大二之後成績很好，就有機會用推甄的方式進入研究所，大四的生活就會很輕鬆。有了這個目標之後，我才開始發憤圖強專注於課業，拚了好幾個書卷獎，最後如願透過推甄的方式進入台大應用力學研究所。

就讀研究所的我，對於未來的就業環境感到很迷惘，雖然專攻相關領域的學長姐，大多進入汽車和造船產業，但我發現自己的性格似乎不適合傳統產業，可是我對於畢業後的工作也沒有什麼想法。當年有所謂的「研發替代役」，也就是可以選擇畢業後進入一家科技公司工作三年，折抵一年兵役的服役方式。這個方式的好處是跳過一年的軍旅生活，直接踏入職場。但缺點是可能會挑到一家爛公司，那就得在裡面熬滿三年才能退伍，換公司。因此，我的求職策略變得很單純，既然還不清楚自己喜歡什麼工作，那就先挑一家有口碑且薪資待遇不差的大公司，這樣踩雷的機率應該會降低。

我當時只申請台積電一家公司的職缺，如果沒有錄取就直接去當兵。你可能很難想像，當時的我連台積電具體在做什麼都不清楚，只知道這是一家台灣最厲害的半導體公司。二十五歲，我進入了新竹台積電，被分配到一個全新的部門，做的是機台和軟體的整合開發。這個單位服務的對象是晶圓工廠端的夥伴，工廠的單位就是我們的客戶。

我當時的價值觀十分狹隘，認為一個人的薪資和職位，代表了一個人的成就，一心只想要在工作中發揮最好的表現，盡快獲得升遷。隨後我萌生了內部轉職的念頭，為了進一步拓展自己的職涯跑道，爭取更大的升遷機會，我加入當時最新技術五奈米工廠的建廠計畫，開始了另一段追逐的旅程。

從我成長就學一路到職場老鳥，這段歷程雖然不短，但我對自己的認識卻一直停留在，「一位標準理工組出身的科技業員工」。追逐成績、追逐表現、追逐名利，一切的努力似乎就是為了在別人眼中看起來「很成功」。每當我對工作感到煩悶、無聊和無奈，這種外在的成就感和薪資的數字就像一劑麻藥，注射一針就能麻痺所有的不悅。

雖然我隱約之中有察覺到，自己來到了一個沒那麼喜歡的地方，但是又說不出來到底哪裡不對勁。我開始質疑自己，我到底對人生有什麼不滿？

如果不去面對心中的不滿，很有可能會蠶食掉我對工作和生活的熱情，於是我選擇進一步對自己叩問：那我到底想要怎樣的人生？

透過幾個簡單的問題，我開始對未來有更完整的想像和願景，開始認識自己到底是怎樣的人、具備哪些能力，而我又想用這些能力做什麼事情，也就是我接下來要分享的問題和步驟。雖然前方看似混沌不明，但至少先勇敢跨出第一步，霧就會慢慢散去。

Step

1

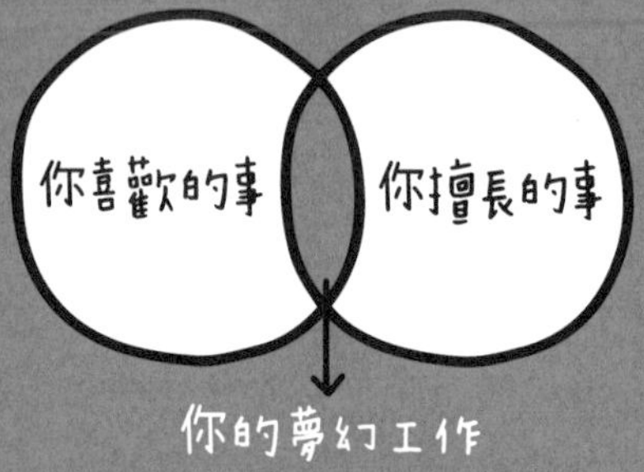

找出擅長
又喜歡的事

認識自己

夢幻工作很少是透過傳統求職方式得來的，它們更多是被「創造」出來、而不是「找」到的。要有這樣的創造，需要很深入的自我認識。

——《一個人的獲利模式》(*Business Model You*)

• • • •

「現在的生活和工作是我想要的嗎？」我當時一直被這個問題困擾著，而令我感到沮喪的是，我真的不知道……這到底是不是我想要的生活。

我愈來愈懂得做簡報和口頭報告，但我更喜歡 TED 演講的俐落扼要，可是那一套在公司裡行不通。我擅長撰寫和開發軟體程式，甚至獲得了許多傑出表現，誠實面對自己時，又覺得寫程式並不是我想做一輩子的事。我以全心投入工作為榮，每當我犧牲其他事情來換取工作上的成就感時，心中不免升起一股優越感，但當夜深人靜時，我又隱隱覺得自己有一些不對勁。對於工作，我既擅長，又抗拒；既熟練，又退縮；既投入，又抽離。

直到很久之後我才終於明白，原來是自己一直任憑環境推著我前進，很少正視那個埋藏在心中的自我，缺乏自我認識時，只能盲從、隨波逐流，最終發現自己來到了一個不喜歡的地方。

用對方式才能確實認識自己

我曾經很羨慕那些認識自己的人，甚至覺得能夠透澈了解自己是很偉大的個人成就。一直以來，我以為「認識自己」是一個大哉問，是要用一輩子的時間去慢慢回答的問題。後來我才發現，我們只是用錯了方法在面對這個問題。

一位朋友的弟弟，他曾去參加「探索自我」實體工作坊，是由一群碩士班研究生主辦的活動。在活動之後，他私下跟我們說他的收穫不大，因為他沒辦法透過這個活動對認識自己有什麼實質的進展，當然也沒有成功探索自己。我跟朋友好奇地追問。

他展示了活動當天拍攝的一些投影片照片，許多投影片上只列出一個問題，然後就請台下的學員在空白紙上開始作答。這些問題如「你的夢想是什麼」、「你想要的人生方向是什麼」、「你的優勢有哪些」、「你想培養哪些專長」、「你希望自己的職涯如何發展」。

他看到這些問題只覺得「腦袋一片空白」，最後只好胡亂寫了一些答案上去。而且這一連串的問題也令他十分灰心，他覺得自己真的很不了解自己，似乎沒有什麼夢想和方向，對於未來的想像反而更模糊了。

其實，這些問題都是「大哉問」，是完全開放式的問題。雖然答題的範圍不受任何限制，但是當一個「本來就不夠認識自己」的人看到這種題目，腦袋簡直像是被敲了一記悶棍。就算想破頭也想不出答案，還會對自己回答不出來的尷尬感到萬分沮喪。這種問題就像是有人已經找不到鑰匙，你還一直問他：「你的鑰匙在哪裡？」

說真的，要是寫得出答案，誰會想交白卷啊？不過，我發現這才是絕大多數人的常態。

我的人生前半場都是照著他人的期待和社會價值而活，對自我認識的程度非常淺薄，我認為標準的職涯道路就是最適合我的，可能一路升遷成為一名科技業主管。如果缺乏適當的指引，我也難以了解自己真正喜歡的，是什麼模樣的自己。

我們缺乏一個良好的引導，就像是要協助找不到鑰匙的人，就必須透過具體又明確的引導式問題，來幫助他逐漸發掘記憶裡不小心遺失的拼圖，例如「你最後一次看到鑰匙出現在什麼地方」、「你在哪個時間點發現自己的鑰匙不見的」、「在這個時間點之前你曾經去過哪些地方」，同樣的，認識自己也需要具體的引導和提問。

一開始我也沒有方向，索性在網路用「轉職」等關鍵字搜尋相關的資料，心想著無論在公司內部轉職，或任何其他的轉職機會，至少都能讓我轉換一下心境，嘗試看看其他不同的可能。很幸運的，我找到了一本被許多讀者推崇讚譽的書《一個人的獲利模式》。與這本書的相遇，是我職涯的轉捩點，我對於自己的看法、工作的看法，甚至我的世界觀都因此被翻轉。

這本書就像是一個虛擬工作坊，有世界各地的實際案例，加上職涯專家的指點，歸納出「商業模式圖」這套視覺化的工具。我試著寫自己的商業模式圖，對工作進行反思、規劃，最後設計出第一版屬於我個人的職涯模式。比起大哉問的「開放式問題」，當我透過書中具體的「引導型問題」，反而更容易認識真實的自己。

認識自己第一步：重新回想兒時的興趣

孩子總是知道自己喜歡什麼、跟誰在一起開心、不喜歡哪些食物，即使他還不知道該如何用言語表達，但總會以各種行為來表示自己的好惡。可是長大之後，那些清楚的好惡愈來愈模糊，因為別人或環境的聲音會告訴我們什麼比較好，我們聽從世界對我們的期待，而不是傾聽自己內心的聲音，於是漸漸放棄了兒時的興趣，轉身去做那些別人眼中成功的事情。

也許很多事情已經不復記憶，但可以試著回答這三個問題，找出自己的「核心興趣」。

問題一：二十歲之前，你最熱愛什麼事情？

在思考這個問題時，我發現若是對感興趣的領域，我總是全力以赴爭取最好表現，像是玩遊戲、學舞蹈、寫程式等，我會盡一切努力讓自己成為頂尖。第一次學國標舞時，我為了想把國標舞學好，看遍過去十年國際頂尖選手的比賽影片，讓自己完全融入國標舞的情境和感覺。在課堂上，只要一遇到不會的，就纏著學長姐們問東問西；課堂外，我會找基本步教學影片，把老師教的反覆練習，花時間在鏡子前練步子。

興趣和熱情的差別在於，興趣指涉某件事物，但熱情能使興趣變得更深入、更持久。國標舞是我的興趣，若要進一步問什麼是我的熱情，我發現我的熱情不限於特定事物，而是精進、熟練一項事物的感覺。我喜歡快速掌握一件事情，並且透過勤奮努力變得更傑出。

問題二：你做哪些事情時，總是樂在其中？

回想小時候，我發現這兩種時候總是讓我精力充沛、樂在其中：

- **教別人：**我喜歡教別人，無論自己的程度高低，都願意鼓起勇氣教別人。因為我相信「教學是最好的學習」，我在教別人如何運球、如何做好舞蹈姿勢、如何撰寫程式的過程當中發現，自己反而學得更快、更好。
- **玩遊戲：**我喜歡玩遊戲，無論是電腦遊戲，或是卡牌類型的桌上遊戲，我都會迫切地想要搞懂全部的遊戲機制，掌握制敵的策略。我對遊戲的種類沒有特定偏好，但我知道好勝心是驅動我全心投入一項遊戲的關鍵。

問題三：你在做哪些事情時，感覺時間飛快流逝？

當我在「創造」新事物的時候，特別是以下三件事情，會令我感覺時間一眨眼就過了：

- 繪畫和做美工的時候。
- 撰寫程式碼，打造一個全新功能的時候。
- 撰寫讀書筆記的時候。

做這些事情常讓我進入「心流」的體驗。心流指的是一種特殊的精神狀態，當我們把專注力發揮到極致的時候，會感受到一股「渾然忘我」甚至沒有感覺到時間流逝的體驗。我們進入心流體驗的時間愈多，愈能提升自己的幸福感，加深對目標的堅持，擁有更積極的心態。

綜合以上三個問題的答案，我了解到自己的核心興趣是：

- 由好勝心驅動的傑出表現。
- 利人利己的教學熱忱。
- 創造新事物時的心流體驗。

認識自己第二步：從角色身分找出職涯方向

重新找到小時候的興趣後，我從《一個人的獲利模式》書中學到一套有效的方法，透過自己當前的身分角色，發現最令我們受到鼓舞、感到活力與價值的事情，進而找出真心嚮往的職涯方向。

首先，準備十張空白的「便利貼」，在便利貼的頂端各寫下一個目前的角色身分。然後問自己「這個身分最鼓舞我的是什麼」、「我在扮演這個身分時，感到最有活力和價值的事情是什麼」，將答案列點寫在每一張便利貼的身分下方。

寫完十張便利貼之後，替所有角色排列出一個優先順序。我會問自己「哪一個身分對我最重要」、「哪個身分其次」，依此類推把十個身分排序出來。

最後，瀏覽全部的便利貼，找出三個身分下方所列出且有重複的項目，那是最能鼓舞我們的事，並寫在第十一張空白的便利貼上。這張便利貼所列出的三個共通點，就是我們要追尋和打造夢幻工作的重點。

以我自己為例，我從第一名到第十名的角色排序是：男友、主管、讀者、作家、兒子、國標舞者、家庭主廚、朋友、哥哥、員工。在尋找共通點時，我會盡可能挑選那些「對別人也會有幫助」的項目。

身為男友，我感受到愛人與被愛、感恩與尊重；身為兒子，我讓父母感到光榮和安心，這些雖然都很重要，但是屬於與別人之間的「關係維繫」，比較難用來當成職涯方向或工作重點，因此我不會挑選這類的項目。

我挑選出來的三個共通點，主要著重在對別人也有幫助的事情。因此，我先選出具備這條件的三個身分：

- **主管：**值得下屬追隨的楷模、凝聚團隊的向心力、教導我的下屬、共同面對挑戰。
- **作家：**分享自己的觀點、記錄自己的學習做為模範、貢獻我的所長給更多人。
- **國標舞者：**教學與指導別人、更認識自己與舞伴的互動、展現自己對舞蹈的詮釋。

再從這些身分下方會令我感到活力的事中，找出出現最多次的共通點：成為模範榜樣、貢獻所長和教學相長、與別人分享自己的觀點。這三件事令我充滿活力，而且同時也能幫助到別人，而這某程度也代表我渴望追求的方向。

圖 2　瓦基選出的三個身分和三個共通點

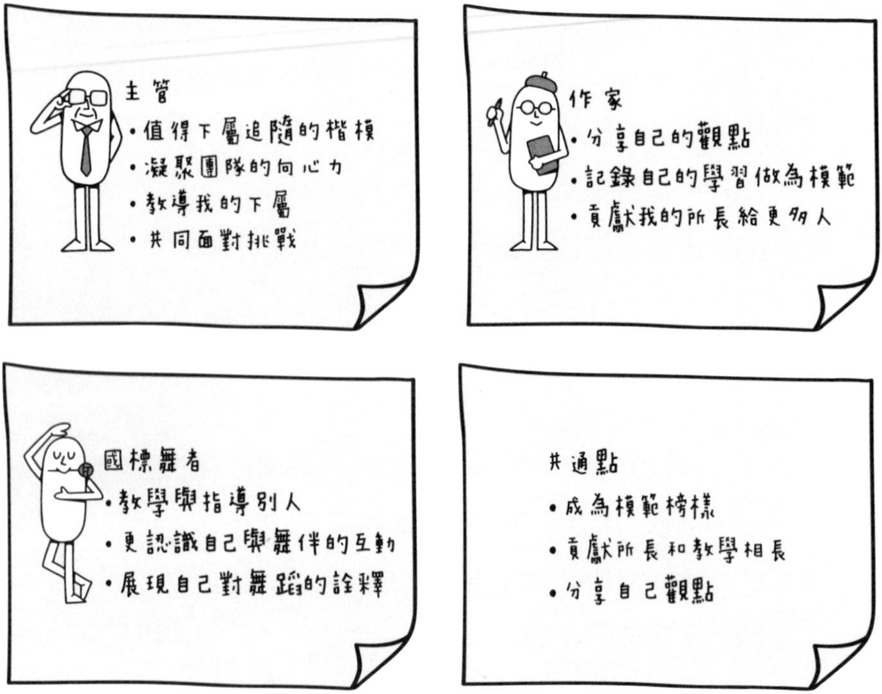
主管
•值得下屬追隨的楷模
•凝聚團隊的向心力
•教導我的下屬
•共同面對挑戰
作家
•分享自己的觀點
•記錄自己的學習做為模範
•貢獻我的所長給更多人
國標舞者
•教學與指導別人
•更認識自己與舞伴的互動
•展現自己對舞蹈的詮釋
共通點
•成為模範榜樣
•貢獻所長和教學相長
•分享自己觀點

認識自己第三步：喜歡且擅長的事

我們可能喜歡某件事情，但不見得擅長；也可能很擅長某件事情，但不見得喜歡。就像我很喜歡在一個人開車通勤時，跟著哼唱音響播放出來的鄉村音樂，但我知道這只是用來打發時間的娛樂，並不是我想要登上舞台發光發熱的職涯技能。另一種情況像是，我小時候很擅長教同學英文，但長大後卻不太喜歡教別人英文，因為我認為語言是在生活中養成的習慣，而不是透過刻意學習的技能。

當我們喜歡和擅長的事情之間沒有交集，就很難將它們發展成一個長期的職涯策略。然而，那些能夠長期在職場和人生發光發熱的人，在做的其實是他們喜歡又擅長的事情。接下來，我們就要透過描繪自己的「生命歷程」，來幫我們有效找出自己「喜歡且擅長」的事。

步驟一：列出令你印象深刻的人生大事

首先試著回憶自己人生中「得意」和「失意」，至今仍令我們記憶鮮明的重大事件，事件可以涵蓋工作、社交、愛情、學業等各方面，曾經發生的所有好事與壞事。然後感受這件事帶給你是正面還是負面的影響，56頁圖3縱軸代表影響的程度（好的在上，壞的在下），橫軸則代表時間軸，請依序在紙上標注出15至20個事件。

接著，嘗試對每個事件寫下一兩句簡單描述，說明是什麼關鍵因素令你感到正面或負面的情緒。

步驟二：找出得意的事，是因為哪些專長與能力

然後圈選出生命歷程圖上所有「正面」的事（橫軸以上的事），對照58頁圖4的「專長與能力表」找出適合描述這些事件的項目，「單一事件」可以複選「多個項目」，並在項目後方用「正字記號」進行加總。填寫這張表格有一個訣竅，那就是「我是因為擅長什麼，所以對這件事情感到得意」。

舉個例子來說，假設我們和同事一起參加全公司性的專案報告競賽，大家表現突出獲得佳績，我們要思考的是，我對這事情之所以感到得意，是因為自己擅長的哪件事？

如果是因為把PowerPoint簡報製作得非常精美，進而幫助團隊獲獎，那在「專長與能力表」上就挑選「藝術創作」和「創意發想」。

如果是因為自己傑出的表達能力，幫團隊在口頭發表時獲得高分，那就挑選「公開演說」和「說服或影響他人」。

如果是因為高超的資料整理能力，將簡報的脈絡和圖表呈現得清清楚楚，那我們就挑選「資料處理」、「分析」和「闡述問題」。

看著所有被標記出來的項目，不管總數有多少，先選出五個喜歡的項目，特別是那些儘管還不擅長，但願意在未來多花時間在上頭的項目，這些就是我們「喜歡」的能力。

再計算每一個項目後面的正字分數，分數最高的前五名，就是我們「擅長」的能力。最後，從喜歡的項目和擅長的項目中選出重複的項目，這些就是我們「喜歡且擅長」的事。

以我自己為例，「加入新成立的開發團隊」這個事件，能夠讓我發揮程式設計的長才，開創新技術替公司節省成本，學會妥善利用資源來完成任務。對應到「專長與能力表」，我就選擇了「程式編寫」、「參加研討會」和「解決問題」。「帶團隊支援緊急專案」這個事件，我必須領導團隊在短時間內開發出新型儀器，在陌生的環

圖 3　瓦基的生命歷程圖

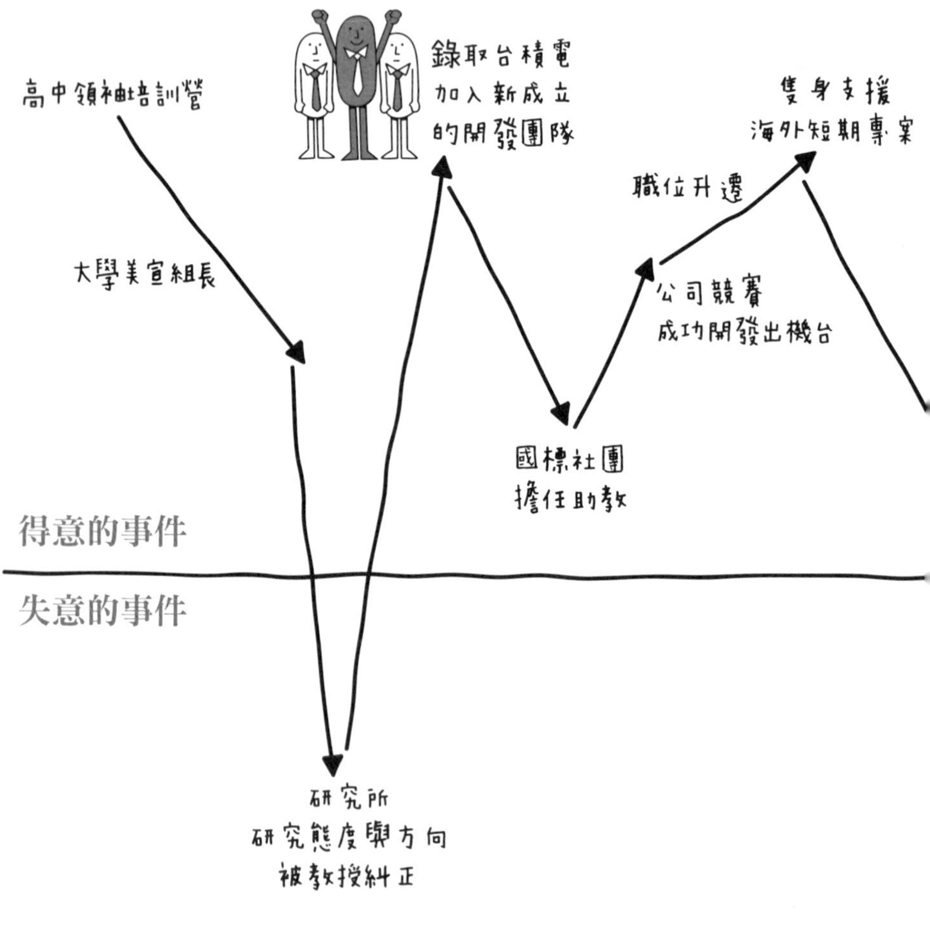

高中領袖培訓營
大學美宣組長
研究所
研究態度與方向
被教授糾正
錄取台積電
加入新成立
的開發團隊
國標社團
擔任助教
公司競賽
成功開發出機台
職位升遷
隻身支援
海外短期專案
得意的事件
失意的事件

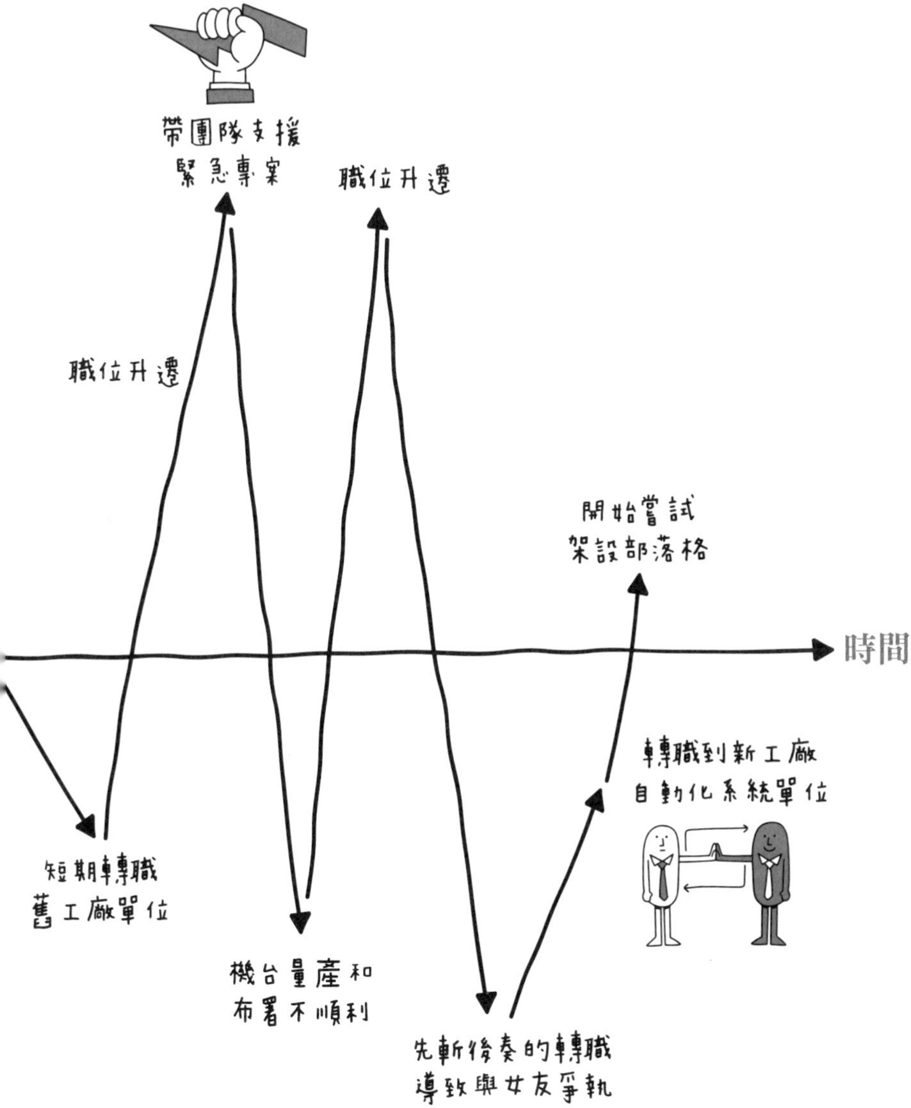

帶團隊支援
緊急專案
職位升遷
職位升遷
開始嘗試
架設部落格
時間
轉職到新工廠
自動化系統單位
短期轉職
舊工廠單位
機台量產和
布署不順利
先斬後奏的轉職
導致與女友爭執

圖 4　瓦基的專長與能力表

會計工作		廣告宣傳		分析	
稽核查帳		藝術創作	T	從事獨立研究	一
資料處理		概念化		闡述問題	
計數運算		創作藝術品或出版品		診斷	
存貨處理		創意發想	T	參加科學競賽或研討	一
辦公室管理		建築或家具設計		調查研究	
機械操作		改編小說戲劇		實驗室工作	
程式編寫	⚑T	編輯		閱讀科技或科學出版品	
採購		音樂或舞蹈表演	一	解決科技或科學問題	Ŧ
記錄繕寫		進修藝術相關課程		鑽研專門主題	一
祕書事務		攝影		進修科學課程	
進修商業課程		寫作／出版	⚑一	撰寫或編輯科技文章	

組裝		參加或舉辦活動		討論／論辯	
建築		加入社團	下	發起行動	
照護動物		照護孩童和長者		領導眾人	⚑ 𤴓
駕駛車輛		協調	下	談判	
維修電器／機械		心理諮商		參與政治活動	
維修物品		同理心		說服或影響他人	⚑ 下
排程		招待		推廣	
研究探勘		面談		經營自有事業	
參加職業訓練		交朋友	𤴓	銷售	
設備疑難排解		參加宗教服務		公開演說	T
使用工具或重型設備		講授、指導	⚑ 𤴓	督導／管理他人	𤴓
戶外工作	一	擔任志工		進修管理課程	

資料來源：《一個人的獲利模式》

境協調不同組織互相合作，透過實際數據取得客戶的信任。對應到表格上我就選擇了「協調」、「領導眾人」、「管理他人」和「說服或影響他人」。而在比較近期的「開始嘗試架設部落格」事件，我能發揮藝術創作的長才把部落格弄得漂漂亮亮，我透過寫作來發表讀書心得，並實踐自己從書中學到的事。對應到表格上我就選擇了「藝術創作」和「寫作」。

在所有畫上正字記號的項目中，我喜歡的五個項目是：領導眾人、說服或影響他人、講授和指導、程式編寫、寫作和出版。正字記號分數最高的、我擅長的五個項目是：領導眾人、管理他人、講授和指導、交朋友、說服或影響他人。我真正喜歡又擅長的三個項目就是：領導眾人、說服或影響他人、講授和指導。

隨著我後來愈來愈投入部落格，我發現了「寫作」這件事情，竟然能同時支持我喜歡且擅長的三個項目。這也是我在後面的 Step7 中，把寫作當成主要學習目標的原因。

做能讓自己充滿活力的事情

美國作家霍華德．舒曼（Howard Thurman）曾說過一句很有意思的話：「別問這世界需要什麼，要問你自己，有什麼事能讓你充滿生命力，然後就去做吧！因為這世界需要的正是充滿生命力的人。」雖然整個世界帶給我們的感覺好像是大環境愈來愈差、經濟成長跟生活感受脫鉤、房價愈來愈高、薪資卻一直很低、大眾的價值觀愈來愈兩極、媒體和網路暴戾的雜音充斥周遭，我們可以做些什麼去改變它呢？**找到可以讓自己充滿生命力的事情，並動手去做，就是這個世界最需要的人。**

我因為體悟到了閱讀帶給我的巨大改變，因此想把這份收穫持續分享給更多的人。在做這件事情的時候，無論是閱讀、寫作、錄音、經營網站和社群，都令我感到活力十足。我每天起床的第一個念頭就是自己能為這個理念做得更多，影響更多的人。我想，這個世界需要一個充滿活力的我，而不是一個死氣沉沉的工作者。

我們可以回想看看自己對於職涯的選擇，究竟是出於自己的喜好，還是依據別人的期待而定？特別是面臨重大的職涯抉擇時，我們的家人、朋友和師長給予我們的意見，通常是出自於「安全」、「穩定」和「薪資」的考量，而我們自己也會有「面子」的考量，很容易受到別人期待影響，也渴望自己獲得社會的認同，如此之下，不小心忽視了自己內在的渴望。

透過具體的問題和練習步驟，就可以在大腦外看見過去的點點滴滴，發現那些讓自己感到有樂趣、有熱忱的事情，加深對自己的認識。

所謂的「認識自己」和「探索自我」，並不是一件自我中心的事情，而是要發現「做什麼事情令我們感覺有活力」。當我們在做這件事情的時候，正好也成為了這個世界需要的人。

認識自己的最主要目標，就是讓我們的「人生目標」和「職涯抱負」更協調且一致。透過認識自己，找出基於我們的核心興趣、共通特質、喜歡又擅長去做的事。

行動指南

1. 回想你小時候喜歡什麼樣的事情，找到你的核心興趣。
2. 從你目前擔任的角色中，挑選三個令你開心又對別人有幫助的身分，從身分下方的項目找出重複出現的共通點。
3. 透過你的生命歷程和「專長與能力表」，找出既喜歡又擅長的事情。

Step

2

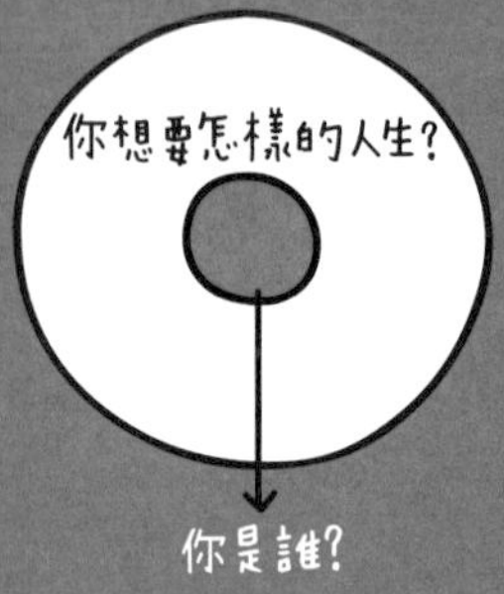

成為什麼
比做什麼重要

定義人生

有些鳥兒是永遠關不住的，因為牠們的每一片羽翼上都沾滿了自由的光輝。總有些人，他們一輩子注定要活到極限，一輩子都想觸碰自己能力的邊界。

——電影「刺激 1995」(The Shawshank Redemption)

• • • •

「我的人生，到底有什麼意義？」

關於這個問題，有些人在很年輕的時候就問過自己，有些人則是年老力衰之後才對自己提問。那麼我呢？我在年滿三十歲的時候，才開始好奇這個問題。

這真的是我想要的人生嗎？我心裡沒有答案。心中消極地想說，過去的人生賦予我這些天賦、機運和環境，是為了讓我走到現在這個地步吧？我擁有的已經很多了，還有什麼資格好挑剔的呢？我頭一次體會到什麼是輾轉難眠。

在公司參加一些會議時，我開始不由自主地神遊，心中埋怨：「開這些無效的會議到底有什麼意義？」當我看到同事們拿到分紅單，興高采烈討論著要買哪一款名牌跑車時，我心中疑惑：「開這些跑車炫耀到底有什麼意義？」當我接到一項不合理又非得執行的工作任務時，儘管有百般無奈，還是得咬著牙配合去做，我憤怒地想：「盡做這些討好上級的事情有什麼意義？」

如果做這些不知道有什麼意義的事情，只是為了獲得更多薪水、頭銜和地位，這到底有什麼意思？難道這就是人生的意義嗎？

別人剝奪不走的自由

這個問題糾纏了我好幾個禮拜，這段期間我尋找了很多關於「意義」的書籍，後來我找到一本頻繁被知名作家推薦的書，名叫《活出意義來》（*Man's Search for Meaning*）。這本書徹底改變了我對人生的態度。

《活出意義來》是由二戰納粹集中營的倖存者所寫，作者的名字是維克多．弗蘭克（Viktor Frankl），他是一位奧地利心理醫生，這本書就是他在集中營倖存下來的真實經歷。

從他第一人稱的視角，我們會發現在地獄般的集中營裡面，被惡劣對待的囚犯有兩種生活態度。一種人是意志消沉、無力可施、徹底絕望，這種人通常活不到最後；另外一種人卻懂得苦中作樂，偶爾高歌一曲提振大家精神、幫其他苦悶的人打氣，甚至願意分享自己的麵包給餓到撐不下去的人。

同樣都是活在惡劣的環境，不同的人，他們面對人生卻有著截然不同的態度。

弗蘭克在集中營一無所有，連僅有的尊嚴和身體自由也完全被剝奪，身旁盡是絕望與痛苦。在這樣的絕境之下，作者體悟到了一個道理，儘管外在環境再怎樣無法忍受，外在條件再怎樣不受自己控制，人的內心仍可保有「人類終極的自由」（the last of the human freedoms），也就是選擇如何回應生命意義的自由。他寫道：「人所擁有的任何東西都可以被剝奪，唯獨人性最後的自由——也就是在任何境遇中選擇一己態度和生活方式的自由——不能被剝奪。」

主動定義人生的意義

我們每個人，都可以決定自己看待生命的角度；每個人，都擁有選擇用哪種態度面對生命的自由。而在被環境擠壓時，這內心的自由更顯得無比寶貴。弗蘭克提醒我們：「真正重要的不是我們對生命有何指望，而是生命對我們有何指望。」也就是說，**不要問生命有什麼意義，我才是被生命「質問」的那個人，要問我自己可以替生命帶來什麼意義？**

我過去總以為「人生的意義」可能早就被定義好，只是在某個地方等著我們去尋找。然而，我發現自己怎麼找也找不到，原來，我才是要回答這個問題的人。

以前，若是隨便一個人來告訴我：「環境不能限制你的心靈，人都有終極選擇的自由，你可以定義自己生命的意義，決定成為什麼樣的人。」我一定認為這人若不是來傳道的教士，八成是個愛說教的老師。但這本書之所以能夠說服我，就是因為弗蘭克親身經歷了如地獄般的集中營，給予了我許多共鳴。

另一個改變我對「定義人生」的觀念，是我從美國前總統夫人蜜雪兒．歐巴馬（Michelle Obama）身上學到的深刻啟發。

在她剛成為第一夫人時，曾經對這個身分感到十分困惑：「這不是一份工作，也不是正式官職，既沒薪水也沒有明定的義務。」她在一開始的時候，並不知道該怎麼扮演第一夫人的角色，但是後來她卻走出一條不同於以往第一夫人的路，成為美國史上最活躍的第一夫人，其光芒絲毫不遜於她的老公前美國總統歐巴馬（Barack Obama）。

她透過各種勇敢的行動，跳脫傳統框架，活出第一夫人的新樣貌，她在自傳《成為這樣的我》（*Becoming*）中寫道：「如果你不先站出來定義自己，很快地別人會用很不精確的定義為你代勞。」

被動接受定義不用費什麼心思，但主動定義人生，才是真正有趣的地方。因此，我在夜深人靜時，不斷回想自己如何變成今天的模樣，我又可以主動做出哪些不一樣的貢獻。如果在別人的定義裡，我是品學兼優的好學生、稱職的好員工，那麼我對自己人生的定義又是什麼呢？

善用自己的幸運

在我一剛開始接觸電子書的時候，就恰巧碰到 Kobo 電子書在台灣推廣。當時只要購書滿額就可以參加 2,000 元購書金的抽獎。沒想到，我竟然抽中了！

「為什麼這個獎項會落在我身上？」

「有人可能剛好缺這些錢買書，他們一定比我還更需要吧？」

「怎麼會這麼幸運呢？」

我當下認為自己能夠幸運中獎，並不是理所當然，而這個好運「或許」是有其他原因的。我之所以會產生這種乍聽之下有點玄妙的想法，是源自於一段關於「幸運」的分享。

為台灣而教（Teach for Taiwan）的創辦人劉安婷在成功大學畢業典禮的致詞中，提醒在場的畢業生，能取得成大的文憑，是承載了多少孩子得不到的幸運。她在演講的最後說道：「如果你有機會問自己：『我拿幸運，做了什麼？』我希望你也能夠充滿驕傲、充滿喜樂地說，即使世界充滿了不完美，即使外面充滿了醜陋，但是我拿我的幸運，選擇善良、選擇溫柔、選擇在乎、選擇去愛。」

那麼，我都拿我的幸運，做了些什麼？

談到幸運，我在工作方面無比幸運。順利錄取工作、快速晉級升遷、與神隊友共事、有許多好老闆指點、在大公司內學習營運和管理方式、獲得理想的薪資與福利……更幸運的是能夠參加公司的特別培訓，跟著高階主管開會，學習他們的視野，讓我擁有一顆愈來愈擅長吸收和轉化知識的頭腦。

另一個幸運是遇到我的女友。我女友是一個特別的人，她對物質的追求非常少，我們兩個人過得很簡樸。她在公司裡經營社團，是個很厲害的社長。腦袋裡也有滿滿的想法，常常意見跟我相反，還能指出我的盲點。大家以為我喜歡說書，好像很有知識似的，但我在她眼裡其實是一個缺乏常識的人，還經常犯蠢。但她總是支持我想做的事，當我花費下班時間和假日在閱讀、寫作、經營部落格的時候，她也在旁邊看自己的小說、做自己的事。

我後來用那筆錢買了好幾本電子書，把每一本電子書都寫成一篇篇讀書筆記，分享到部落格上面。我想分享我的幸運，就從一小篇讀書筆記開始。

此外，還有一件事情，深深地影響了我對幸運的看法。有一位任職於跟我同單位的研究所學長，他在年過三十的時候得了怪病，家人帶他遍尋各路醫生仍然無法治癒。很不幸的，最後他還是離開了這個世界，整個單位籠罩著一股哀傷的氛圍。這也是我第一次送別曾經共事過的戰友，每當回想起那些一起奮鬥的時光，心裡頭就五味雜陳。

他的離世，對我後來看待事情的角度有很大的影響。每當我在生活上遇到不如意，像是無法如期達標被主管究責、下屬出包必須跳出來擦屁股、跟家人因為一些小事又鬧得不愉快，心中煩悶的時候，我就會想起他。

「他願意付出多少，交換我現在還能遇到這些拉哩拉雜的事情？」

「他願意付出多少，交換我擁有的這些幸運？」

我所遭遇的不如意，對他而言，都是願意付出一切來交換的。但是，他卻換不到了。這麼幸運的我，哪有什麼資格揮霍，哪有什麼理由蹉跎。

有時候，光是活著就已經是一種幸運。我以前總是想追尋自己還沒擁有的——更多的錢、更高的職位，卻忘了自己其實已經擁有了很多。創立「閱讀前哨站」部落格之前，我其實一直猶豫，是不是要等我更有錢了、更有閒了，再來做這件事？但是，隨著我一直思考「如何運用自己的幸運」以及「應該主動賦予人生意義」這兩件事時，終於漸漸弄懂了，我已經擁有一切的幸運，不用再等待，不用再追尋，而是「現在」就可以開始分享幸運。

成為我想要的改變

如同印度聖雄甘地（Gandhi）說過：「成為你想在世

界上看到的改變。」我希望世界上有更多熱情助人的人、心胸開闊的人、樂於貢獻的人，我就要先往那個方向前進，成為那樣的人。我在心中做出決定，要把有限的「時間」用來「分享」我所有的幸運，善用自己擁有的資源，打造出心中的願景，先成為我期待看到的改變。

因此，我大膽地第一次嘗試定義自己的人生，成為一個懂得發掘自己的優勢和特質、善用自己擁有的幸運去幫助別人、勇於活出自己極限的人。我相信當我們踏上旅程，屬於我們的路途就會開始展現在眼前。此後的每一天，都是多得到的幸運。我們，何其有幸。

行動指南

1. 花一段時間問自己，「你想成為怎樣的人？」主動定義人生。
2. 發生在你身上的幸運不只是巧合而已，想想你擁有哪些幸運。
3. 每個人都擁有改變任何事情的潛能，不用等到以後，現在就可以起身行動，你想拿你的幸運做什麼？

Part 2

先想像終點，才能規劃路徑

── 制定目標

當我重新思考人生意義之後，下一步就是規劃如何活出有自主時間、樂於分享、勇於挑戰的人生，但我猛然發現一個令我不安的事實：一天當中，到底還剩多少時間，可以用來實現我理想的人生？

我仔細計算了一下，平常一天花在工作、通勤、吃飯的時間占去至少十四小時，再扣除掉睡覺的七小時，只剩下三小時不到的時間可以運用。我接著思考，如果一直遵循原本的工作型態，未來的我會變成什麼樣子？能夠實現我所期望的人生嗎？

想打造夢幻工作、抵達理想的生活，我們必須在腦海裡對未來有一個鮮明的畫面，再透過規劃、制定目標、執行、改善，一步一步走向它。就像許多厲害的導演都有一種能力，他們會先在腦中建構出畫面，設想好這場戲的人物該怎麼互動，然後才把角色、場景、攝影等各環節安排到位。他們先有腦中的畫面，然後才一步步逆推回去，現在該做什麼、待會要指導什麼、這位演員要演什麼，最終成就了一幕又一幕精采的電影畫面。

愈能看見未來的畫面，就會愈清楚自己想要什麼、不想要什麼。還在工作時候，我很幸運有機會看到如果一直遵循原本的職涯路徑，未來我會變成什麼樣貌。

許多大型企業會挑選表現傑出、具有潛力的人才，進行培訓。就在我開始對原本的職涯產生困惑時，我獲選成為某一期的培訓營學員，培訓的內容包含了高階的管理技巧、跨組織溝通訣竅等。印象最深的是某一場高階主管的經驗分享，那位主管以「精實」著稱，分享主題是「生活和工作的平衡」，他分享自己平衡工作與生活的訣竅是，每週至少有一天晚餐，回家跟家人吃飯。

我聽了之後十分納悶，轉頭對另一位認識的同事皺眉了一下，然後我們彼此露出了尷尬的笑容。我心裡冒出的聲音是：「每週只跟家人吃一次飯，哪算得上什麼工作和生活平衡？」

我了解許多主管對工作抱持一種「捨我其誰」的強烈使命感，願意付出自己大量的時間和精力，來成就公司的領先地位。每個人有不同的人生追尋和自我實現的方式，當我愈多認識這些拚勁十足的主管，我就愈清楚這樣的努力，大部分是為了成就公司，而不是在成就我自己，甚至需要取捨犧牲我的生活和人生，這並不是我想要的。

除了課程之外，每一個學員也會被指派跟隨一位「導師」（Mentor），導師通常是廠長、處長等級以上的高階主管，他們都在某領域有傑出的成就，具備充足的知識量與經驗值。而學員就扮演「徒弟」（Mentee）的角色，跟導師約固定頻率的時間見面，進行一對一面談。

在面談當中，導師會給予學員一些特別的作業，讓學員帶回自己的工作當中練習，再透過下一次的見面確認學員的進度。導師也會分享許多自身經驗，從他們的高度和視角來說明思考事情的方法。學員可以帶著自己的職涯問題向導師請教，而我特別喜歡問在不同職涯階段，會面臨哪些挫折和挑戰。

從與高階主管相處的經驗中，我發現很多主管儘管在職場上呼風喚雨，私底下卻過得不開心。更高收入伴隨的是更多種類的休閒娛樂，也能提供家庭和孩子更多元的選擇，但是相對的，他們也要承擔更重的責任，要搞定更多人事的問題，解決更複雜的跨組織紛爭。

後來我成為初階主管，也開始要處理更多這方面的事務，就深刻體會到，這種工作的日常令我筋疲力竭。沒想到培訓營竟以出乎意料的方式，徹底改變了我對未來職涯的想像。於是我開始思考，如果將一天中100%的時間，都用來實現我理想的人生，那會是什麼樣子？而我理想的生活又是什麼樣子?我透過「以終為始」的思維來想像我的人生終點，回推現在算起十年後的理想生活是什麼樣子，並依據這種生活方式，設定兩年後我會創造什麼樣的工作或價值，接著以此為目標，在每一天開始行動和改變。

Step

3

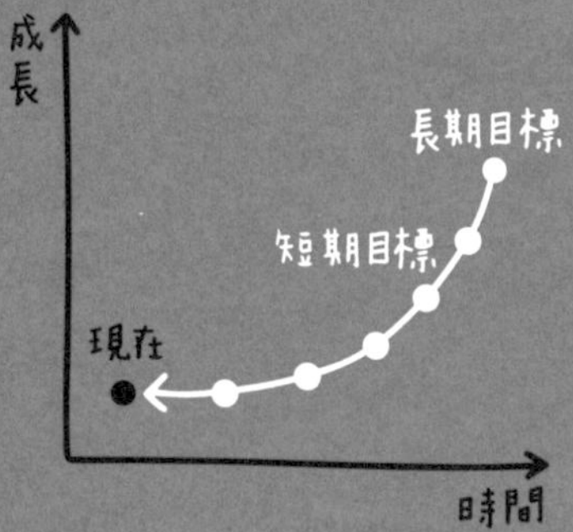

「以終為始」來規劃人生

長期和短期目標

「在你人生最後被蓋棺論定時，別人會怎麼評論你？」

——管理學大師、《與成功有約》（*The 7 Habits of Highly Effective People*）作者　史蒂芬．柯維（Stephen Covey）

• • • •

在我還小的時候，最討厭被師長問到的問題就是：「你以後長大想要做什麼？」我覺得這個問題是一個錯誤的問題，當一個人還小的時候，怎麼可能知道自己二十年後要做什麼？現在回想起來，這個問題更顯得荒謬，很多大人也根本不知道自己幾十年後要做什麼，而持續做著自己不喜歡的工作。

經過培訓營後，我心中原本單一的職涯晉升之路開始動搖，我漸漸發現這不是我想要的工作，但是又不禁感到迷惘：那麼我的下一步，究竟該怎麼走？又要走向哪裡？

你想過自己的人生終點嗎？

管理學大師史蒂芬·柯維在他的經典著作《與成功有約》中，鼓勵每個人去想像自己的喪禮：「在你人生最後被蓋棺論定時，別人會怎麼評論你？」這句話猶如一道強力的電流，直擊我的心頭。我發現，與其問「我之後想要做什麼？」不如問「在人生走向終點時，我希望自己成為什麼樣的人？」

這個「以終為始」的思維，成為我最重要的觀念之一，提醒我在做出任何重大決定之前，記得思考：「我希望參加我喪禮的人，怎麼描述我及我的一生？我希望他們在我身上看到怎樣的品德？」

我希望別人這麼描述我：「瓦基是一個待人誠懇的人，他總是樂於分享自己知道的事情，不會含糊其辭或刻意隱瞞。而且他言行合一，說什麼就做什麼，他是一個透過實際行為影響別人的人。正因為他以身作則的態度，所以他的言談更真誠、更能夠激勵人。他也樂於分享自己的幸運，讓更多人能夠透過心靈和智識的提升，成為更好的自己。」因此，我在隨身攜帶的筆記本中寫下這三點，用來隨時提醒自己的所作所為，都要符合這三點要素：

- 我是誠懇、誠實、言行合一的人。
- 我身上具有激勵人心的影響力。
- 我充滿分享和幫助人的熱忱。

每當我工作忙到焦頭爛額的時候，我就問自己：「我要以什麼方式邁向那個終點？是以我現在的模樣呢？還是我可以有不同的選擇？」我逐漸從徬徨當中釐清自己的思考。

如果那一段蓋棺論定的描述就是人生的終點樣貌，那麼我們現在做「什麼工作和職業」並不是最重要的，畢竟我從來沒聽過有人在喪禮上，讚揚逝者上一季的業績表現。

重要的是一個人展現出來的品格，是他做著自己嚮往的事情時、在面對順境與逆境時、幫助他在乎的人們時，所展現出來的人格特質。而這些特質，不一定要透過某一種「眾人稱羨」的工作才能展現，有無限多條職涯道路可以抵達。因此我開始想像，如果有這麼一份工作，能讓我「每天」都活出這樣的自己，那會是什麼？如果我接下來活著的每一刻，都以人生終點的樣貌活著，我還需要擔心生命的無常嗎？

當時，雖然還不知道我的夢幻工作是什麼，但我知道我必須朝這個方向邁進。

先相信，就會實現

為什麼要花這麼多力氣想像自己的終點樣貌呢？因為我相信「自我實現預言」（Self-fulfilling Prophecy），這是一種社會心理學現象，指的是當一個人預測或期待某件事情發生時，他就會產生和這個信念一致的行為，最後實現自己的預測。也就是說，他實現了自己的預言。

一開始，我會在心裡描繪出一個未來畫面，並且相信，就算一天上班時間超過十個小時，我仍然可以利用下班之後的時間，朝我勾勒出的樣貌努力，最終一定會抵達理想的生活型態。

我們不要只以目前的狀態、能力、職位來限制自己的格局，而是要勇敢想像：我夢想的工作是什麼？我在做這份工作時的生活型態是什麼？該關注的是如何靈活運用技能與知識，**圍繞著自己理想的生活來打造夢幻工作，讓工作的本身就是生活的方式**。每個人都有能力創造出，符合自己理想生活型態的工作。

如果我們對自己未來的想像，仍然是工作好累、好辛苦、沒有自主權、沒有人欣賞我、生活好貧窮又沒朋友，這些負面想法就會產生負面的畫面，然後引誘我們朝它前進。隨著時間過去，就下意識地實現了一個比現在更悲慘的處境。

自我實現預言可以是往好的方向走，也可以是往壞的方向走。我們想要實現什麼樣的畫面，決定權在自己手上。成功的人擁有這種讓思想穿越時空的能力，對未來先有鮮明的畫面，有計畫地邁向這個畫面，最後真的活出這樣的畫面。

除了想像自己終點的樣貌，也可以分成幾個階段，更具體地想像未來。就像是設定好終點之後，開始要在途中放置路標指示牌，每個指示牌都指向目的地，能幫助我們在行進的路上不會迷失了方向。而這些路牌，我稱之為「十年願景」和「兩年封面故事」，透過一些實際的問題，幫助我們想像十年後、兩年後的工作和生活情景。只要相信且持續朝這方向前進，這些想像的畫面就會成為現實，出現在你生活裡面。

十年願景：十年後的你，比你想的更好

微軟創辦人比爾・蓋茲（Bill Gates）曾經說過一句令人玩味的話：「大部分的人高估他們一年內能做的事，卻也低估了他們十年內能做到的事。」我們常會高估短期的能力，卻低估了我們長期的能耐；也就是說，**我們常低估了十年可以成就多少事情，也小看了十年後的自己**。

現在，我們就試著用長期的角度來思考：十年後的你——比今天更堅強、更優秀、更成功的你——過著什麼樣的生活？做著什麼樣的工作？

這個方法被稱之為「十年願景」，提出這個方法的網路作家馬修・肯特（Matthew Kent）曾經說過：「如果你不追求卓越，你將默認自己接受平庸。」所謂的「卓越」是百分百發揮自己的潛力，而所謂的「平庸」則是任憑自己的潛力隨時間枯萎凋零。卓越和平庸的差別，並非跟別人比較，而是與有沒有發揮潛力、致力於追求自己的理想有關。

我在我的子彈筆記上，寫下十年願景，分別回答了四個問題（以下是我在 2019 年 3 月 30 日第一次做這個練習）。

圖5　十年願景

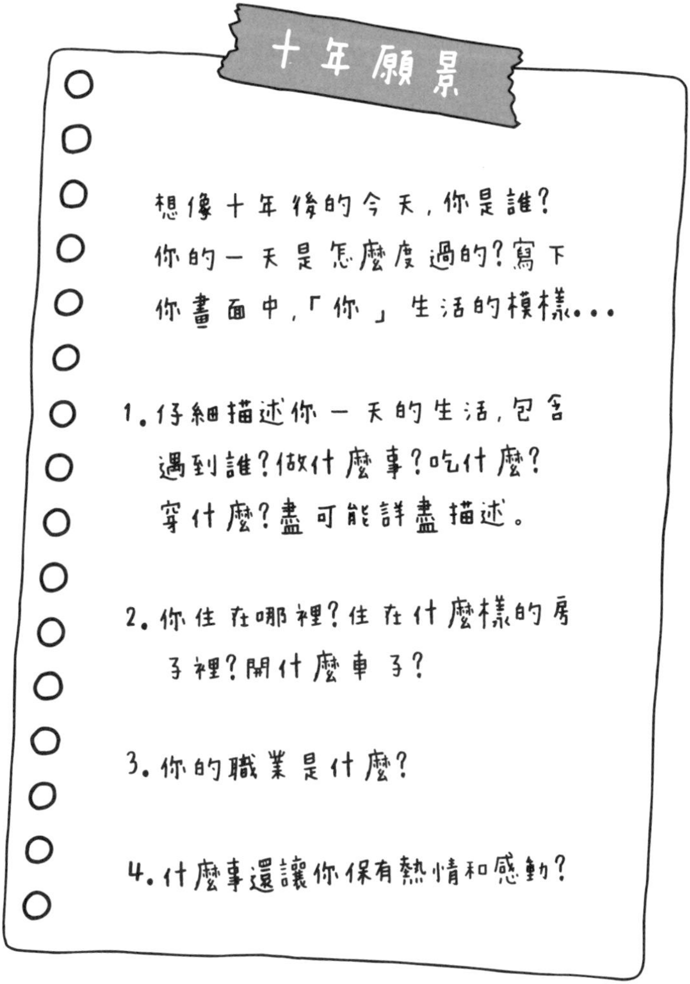
十年願景
想像十年後的今天，你是誰？
你的一天是怎麼度過的？寫下
你畫面中，「你」生活的模樣…
1.仔細描述你一天的生活，包含
遇到誰？做什麼事？吃什麼？
穿什麼？盡可能詳盡描述。
2.你住在哪裡？住在什麼樣的房
子裡？開什麼車子？
3.你的職業是什麼？
4.什麼事還讓你保有熱情和感動？

問題一：仔細描述我一天的生活，包含我遇到誰？做著什麼事情？吃什麼？穿什麼？

當時還在台積電工作的我，仔細思考了自己不喜歡什麼，然後試著避免以後過著同樣的生活。我不喜歡為了流程而必須參與流於形式的會議，更不喜歡為了說服某些人而必須費盡心力準備報告。我不喜歡為了組織的運作，而必須犧牲時間的彈性和自由。我不喜歡做什麼事情都得考量各種績效和評比的影響，也不喜歡花時間在跨部門的溝通和協調。我不想將人生花在這些事情上面，因此我在腦中描繪一個十年之後的人生樣貌。

2029 年 3 月 30 日，我依然維持十年如一日的晨間習慣，早上起床之後先運動半小時，寫作和閱讀一個小時。接著，我喚醒了伴侶，我們一起做早餐，再叫小孩起床享用。輕便著裝之後，開車載他們前往學校和公司後，我回到自己的工作室，利用早上的時間處理一些自己的事情，再用下午時間開線上會議，偶爾接受零星的訪談。

我不是為了某間公司或某個人工作，我是為了我在乎的那些人工作。我跟少數的基金會和出版業者合作，主要工作內容為推廣教育和閱讀。傍晚，我會接送孩子回家，煮晚餐給全家吃。為了培養孩子閱讀習慣，飯後我和伴侶一起陪孩子看書。我們輕鬆地談天說地，直到沉沉睡去。

問題二：我住在哪裡？住在什麼樣的房子裡？開著什麼樣的車子？

我住在台灣北部的一棟電梯大樓裡，我對物質的要求不高，開著與十年前一樣的老車。由於我和伴侶都有能力遠端工作，工作所在地並不會限制我們選擇居住的地方，甚至我們可以去任何想去的國家、城市或咖啡廳工作。

問題三：我的職業是什麼？我做著什麼樣的工作？

我主要的日常事務是寫部落格、教學，偶爾協助機構募款。不論透過哪種方式，我希望選擇最有力的管道，持續推廣教育和閱讀。

問題四：那時候的我，對什麼事還保有熱情和感動？

有許多時間跟家人相處、擁有高度自由的生活，讓我充滿了活力。能夠向別人分享自己的經驗和寶貴的知識，也時常使我充滿生命力。此外，我從大學就喜歡跳舞，我想到那時候，跟伴侶一起跳舞，仍會是我最喜歡的運動。

撰寫十年願景可能會遇到的問題

我第一次撰寫十年願景時，遇到一些卡關的情形，我比較容易想像自己十年後的生活，但還不太清楚要怎麼描繪自己十年後的工作。後來我翻出「認識自己」的練習，檢視了一下自己想追求的三個職涯方向：成為模範榜樣、貢獻所長和教學相長、與別人分享自己的觀點，才幫助我更清楚地寫下十年後的工作樣貌。

現在回顧起來，當初寫下的生活，雖然有些粗糙，但卻清楚定調了我想要追尋的生活型態：自主的工作模式、持續公開分享和教學、擁有許多與家人相處的時光。

自 2019 年後，每年的一月初，我都會重新做一次十年願景，然而從我開始寫十年願景以來，我想像的生活型態沒有太大變動，只有在工作的形式和管道上面，因為第二年後開始製作 Podcast 說書頻道，新增了訪談和線上影音的合作。

重複檢視和重新計畫讓我學到，**理想的生活型態不太會改變，反而是工作型態會隨時間和科技的演進而改變**。這也顯示當我們計畫要打造夢幻工作時，應該思考的先後順序為：生活優先、工作為輔。

許多人談「工作和生活平衡」的議題，到頭來都還是圍繞在原本的工作型態上面打轉，生活只是工作剩餘的縫隙。就好像是在問：「無論你從事的是什麼工作，僅剩下來的那一點點時間，你拿來做什麼？」

這種想法的陷阱就在於，當我們每一天的生活只剩下關注眼前的工作任務和排程，卻不曾留點時間思考自己理想的生活型態時，往往會忘了自己擁有的無窮潛力，也會忘了自己有能力創造出不一樣的人生格局。

對於一個人來說，長期目標不該是「我以後要做什麼工作」，而是「我的理想生活型態是什麼」，並依據這種生活方式來選擇或創造要做的工作。

果斷採取行動，耐心等待結果

當我們設定好了十年之後的長期目標，可能會覺得有點遙遠，一時之間不知道該如何抵達。

在這個時候，我們可以採取一種「實驗」的心態（我會在 Step11 更詳細說明）。既然我們對現況有一點不滿，想要讓自己朝新的方向前進，最好的方式就是動手進行試驗——用自己的人生進行試驗。而任何的試驗，都有其反應時間。

就像檢測新冠病毒的快篩試劑一樣，我們一開始不知道自己是否受感染，必須先有「動作」，將檢體試液滴到試劑紙上。然後等待至少十五分鐘的反應時間，才能看到檢驗的「結果」漸漸浮現。

因此，我們可以針對十年之後的長期目標，給予自己一小段時間的試驗期，設定一個符合長期方向的「短期目標」，然後採取行動，讓它反應一段時間之後（可以是六個月到兩年的時間）觀察試驗的結果。在這個過程當中，我們邊走、邊做、邊看、邊學，透過行動產生的變化，持續修正自己前進的方向。

給予自己六個月到兩年的試驗期，很長嗎？其實很短。以人類的平均壽命來看，如果我們現在是三十歲的人，還有三十年以上的時間讓我們嘗試和摸索。如果我們連這一小段的試驗期都不願意嘗試，那麼就不需要再奢望自己的人生能有多大的改變了。

或許有人會說，如果試驗期之後，我卻什麼也沒改變該怎麼辦？這有兩種可能。

第一種是他根本沒有放心思在上面，也沒有認真回顧自己採取行動之後的改變，他沒有從試驗當中學到任何經驗，覺得這段試驗根本是在浪費時間。

第二種是他實際採取了行動，觀察行動之後的改變，發現自己其實不適合脫離體制。他更喜歡的是依從組織的運作，在規律和體制之下貢獻自己所長。而這種發現，反而是更寶貴的人生經驗。因為他未來不需要再擔心自己不曾嘗試，而是實際嘗試之後找到了更符合自己志向的目標，原來就是自己以前在走的路。

相較之下，我更喜歡後者。如果我們發現試驗之後的結果，是符合自己心之所向的發展，這很幸運，因為我們可以繼續前進。如果發現結果跟自己想要的大相逕庭，這也很幸運，因為我們可以從中又更認識了自己。

兩年封面故事：你會如何分享自己的人生？

接下來我們要把時間再縮短一些，思考如果要達到十年願景，那在這之前的每兩年，我要做什麼。視覺思維領域的專家大衛．斯貝特（David Sibbet）創立一套名為「兩年封面故事」的方法，他的用意是把人生目標和興趣連結起來。

兩年封面故事指的是：想像我們自己在未來兩年後，因為做了某件事而登上雜誌封面的專訪，那是發生了什麼？我們被媒體訪談什麼？我們到時候要講什麼？

這個練習的重點是要我們跳脫思考框架，不要認為自己只是一個「平凡無奇」的人，而是一個擁有特別故事或做出某種貢獻的人。我們要放膽想像，這兩年我們會成就的事情，有趣到別人想知道、有營養到別人想學到、有意思到別人想看到。像是透過新穎手法宣揚消防觀念的消防員、不斷分享載客趣事的計程車司機、傾心傾力撰寫讀書心得的半導體工程師。只有想不到，沒有做不到。

我們嚮往的，並不是非得被「特定」媒體採訪才算達標，而是在這兩年的過程當中，試著做更多有趣又有用的事。當我們心向月亮，即使沒達成，也終將躋身繁星之中。雖然我們無法預測結果，但我們能享受路上的過程。

圖6　兩年封面故事

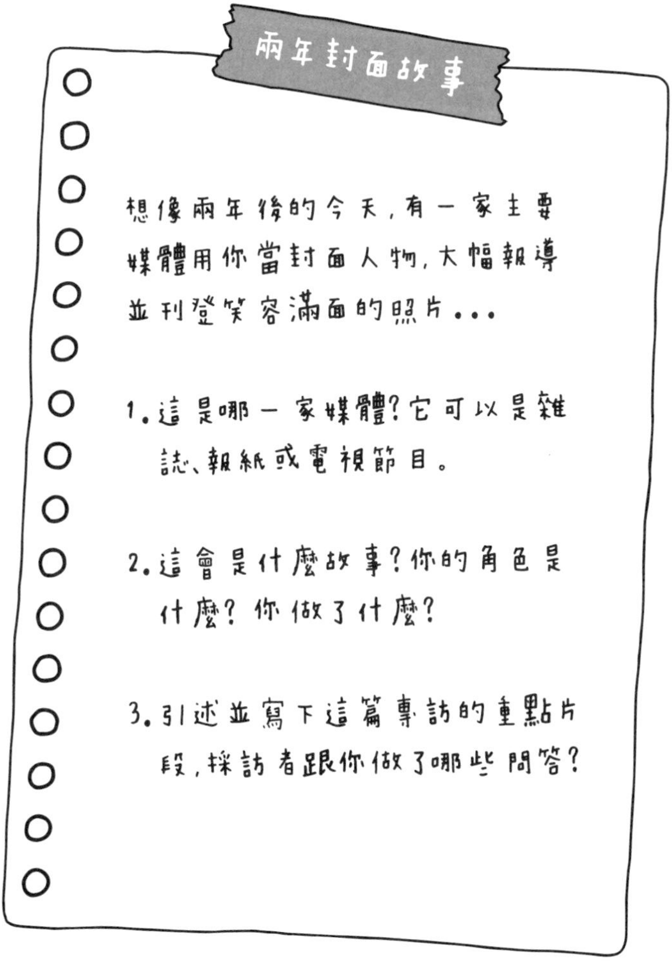
兩年封面故事
想像兩年後的今天，有一家主要媒體用你當封面人物，大幅報導並刊登笑容滿面的照片…
1. 這是哪一家媒體？它可以是雜誌、報紙或電視節目。
2. 這會是什麼故事？你的角色是什麼？你做了什麼？
3. 引述並寫下這篇專訪的重點片段，採訪者跟你做了哪些問答？

問題一：兩年後的我，被哪一家媒體採訪？

我當時挑選的雜誌是《哈佛商業評論》（*Harvard Business Review*）。為什麼我會挑選這本雜誌呢？背後的故事是這樣的。還在公司擔任工程師的時候，我以團隊領導者的身分（Team Leader）帶著另外八名工程師執行專案。當時我對「管理」和「領導」還很稚嫩，所以訂閱了這本雜誌，試著學習管理領導的訣竅。這份雜誌為我的職涯帶來了成長的轉機，也在我心中埋下了一株愛書的幼苗。

雖然公司內部對有潛力的工程師會提供一些教育訓練，但我急切地想要「加速」自己的成長曲線。尤其在開始面臨帶領團隊的壓力之後，深深覺得自己有太多能力上的不足，於是求助於市面上最具權威的商業管理雜誌，也就是1922年由哈佛大學商學院創辦的《哈佛商業評論》。

當時，我狠下心直接訂閱兩年份的紙本雜誌，抱著一種「付錢才會認真學」的心態，就這樣開始接受每個月一本新雜誌的洗禮。我當時還沒有做讀書筆記的習慣，只有在讀完每一本的時候，挑一個我覺得可以用在職場上的策略試試看，或者把書中的一些金句抄在筆記本上，等著日後派上用場。我第一次接觸到敏捷式專案、僕人式領導，就是從《哈佛商業評論》學到的，我會嘗試把這些新穎的概念放到工作上做實驗。當時有些團隊成員看到我在讀這本雜誌，他們臉上的表情就像在OS：「老闆，你又要用什麼新招式對付我們了？」雖然，每本雜誌我都只讀不到三成的內容（沒興趣的文章我就跳過），但是經年累月下來，對我產生了一種潛移默化的薰陶。曾經有下屬對我說：「你是我看過最不像台積電主管的主管。」或許，這也是一種另類的肯定。

因此，我當時的想法非常單純，既然我是《哈佛商業評論》的忠實訂戶，如果能登上這本雜誌，就有如美夢成真！

問題二：我因為有哪些故事或做了什麼事而被採訪？

因為我將「商業模式圖」套用到個人生活和工作上，成功走出與別人不一樣的路，於是在 2021 年 3 月 30 日接受《哈佛商業評論》的訪談，主題是「身為一個七年級生，如何重新設計生活、職涯和夢想」。

問題三：訪談的內容和重點是什麼？

訪談的第一個問題是：為什麼決定寫部落格，要對世界傳達什麼理念？

我把自己從閱讀當中學到的、實踐的，透過心得文章的方式分享給更多的人，讓許多曾經跟我一樣迷惘的讀者們，可以從我的發現當中找到力量。而透過部落格寫作，就是一個我能善用下班之餘的時間，對自己的所學進行刻意練習、創作和發表的方法。我記錄了自己逐漸蛻變的過程，精進學習的技巧、養成良好的習慣、保持規律的運動，盡可能達成兼顧身心靈平衡的生活。在這一路上，我持續把從投資理財學到的洞見，應用到自己的工作和斜槓事業當中，包含了盡量看長期、在可接受的風險範圍內冒一點險、運用資產配置的概念開創更多元的收入來源。對於公司內部的團隊帶領，我將每一項學習到的管理技巧落實到工作當中，讓自己成為一位值得信賴的主管，讓成員之間培養出彼此信任的關係。我列出這題受訪的大綱：

- **閱讀的力量：**背後的理論和閱讀的美。
- **自我成長：**學習、習慣和運動。

- **投資：**長期心態、風險考量、資產配置。
- **管理：**對上對下都做到「值得被信賴」。

第二個問題是：如何創立頻道（平台或部落格）去達成自己想看到的改變？

我把部落格的平台定義成自己「傳遞閱讀的美好」的發源地，透過免費的文章和社群貼文，持續不斷地分享我最新的收穫，達到激勵和啟發別人的目的。藉由公開發表我的寫作內容，讓更多的人可以讀到，並給予我意見回饋和進行想法上的交流。我不但透過寫作來學習，更可以從別人的回饋當中學習我原本沒看見的盲點。經由公開分享和聽取回饋，增進創作者和讀者的知識深度，也經由思想上的交流加深彼此對這個世界的意識。我列出這題受訪的大綱：

- 分享、激勵和啟發別人。
- 得到回饋和洞見。
- 增長知識和提升意識。

兩年封面故事的靈感來源

我第一次做「兩年封面故事」時，尚未離職，當時定調的方向是「短期做好職場主管的角色、長期要朝向部落格分享的方向發展」。因為我拿前面做過的「認識自己」來當參考，把其中兩項讓我最有活力的身分，寫進兩年封面故事當中。

- **主管：**值得下屬追隨的楷模、凝聚團隊的向心力、教導我的下屬、共同面對挑戰。
- **作家：**分享自己的觀點、記錄自己的學習歷程做為模範、貢獻我的所長給更多人。

如果想不太到訪談的內容該寫什麼，也可以延續「十年願景」的練習，把其中的關鍵元素抽取過來。

先開始，才能變得厲害

時間快轉到三年半後，2022 年 7 月我接受《哈佛商業評論》繁體中文版執行長楊瑪利的專訪，登上了 Podcast「請聽，哈佛管理學！」的「哈佛人物面對面」的訪談專輯。當初我不知道哪來的勇氣寫下的目標，竟然成真了。

實際的訪談比我的目標晚一年才成真。有讀者私下問我，在第二年還沒有被《哈佛商業評論》訪談時，不會覺得挫折嗎？目標沒有達成會不會有些失落？我的回答是：「雖然我們無法掌握確切發生的時間，但我們能確保它的發生。」我們必須努力讓自己成為「值得被採訪」的對象，至於什麼時候受訪、由誰來採訪，只是次要的問題。在《哈佛商業評論》採訪我之前，就已經有其他媒體來採訪我類似的主題，顯示了我持續朝著既定的目標前進，方向並沒有偏移。預言發生與否的關鍵，從來不在別人，而是我們自己。

另一個讓我感意外的是，我不是被《哈佛商業評論》的紙本雜誌訪談，而是被他們的 Podcast 節目「請聽，哈佛管理學！」訪談。三年前，當我寫下這個兩年封面計畫時，全台灣幾乎沒什麼人聽過什麼是 Podcast 吧？但後來 Podcast 的崛起掀起了新一波的閱聽習慣革命，可見媒體的演變趨勢不斷在變化。雖然我們沒有辦法提前預測未來還會有哪些新的媒介，但是我們仍能確保自己前進的方向。

如果再進一步檢視，會發現原本我的計畫是在正職的時候以主管的身分受訪，但後來我接受訪談的時候已經離職創業了。這不僅打破我以前認為職位代表一個人價值的思維，也顯示了一個人會隨著時間改變，發展和成長的速度也可能比原先預期得還快。我認為正是因為寫下明確的長期和短期目標，讓我很清楚每一天、每一週、每個月該採取什麼行動，並且朝著那個方向奮力前進。正因為這種以終為始的精神，把所有行動和資源用在刀口上，加快了我達成目標的速度。

比起達成目標受訪更令我開心的是，當初寫下「兩年封面故事」的理念、目的、核心價值，與後來實際的訪談內容有著高度的相似性，可見我的觀念和做法是禁得起時間考驗的。每一年重新練習的十年願景和兩年封面故事，也會隨著自己的成長而不斷調整、改變，屆時只要依據自己的新能力、新專業，設定出更有野心的期望就可以了。

設定長期目標就是為了先有一個大方向，開始朝目標前進。我們不一定要很厲害，才能夠開始；**而是先開始，才能變得厲害**。想要實現長期目標，千萬不要依賴飄忽不定的動機或意志力，而是透過工具（如十年願景和兩年封面故事），將抽象的目標具體化，那麼「實現目標」就只是「實現自己預言」的另外一種說法罷了。我們相信什麼，就會成為什麼。

動機雖是促使行動的原因，但只能幫助我們啟動的那一瞬間，還不足以支持我們走完全程。仔細想想，自己有多少次燃起了熊熊熱情，結果做沒兩下就半途而廢？那些持之以恆、動力源源不絕的人，他們的心中都有一個非常執著的信念，這種由信念驅動的動力，才是幫助我們克服萬難和提供動能的來源。

長久且持續地累積

試著想像一下，如果我們的一生，就像是自己駕車前往某一個終點，我們會選擇如何駕駛。是閉上眼睛自動導航？還是睜開眼睛手動駕駛？

當我們放任人生「自動導航」，太害怕去承諾、不曾花時間去定義自己真正想要的，就等於在拖延自己的目標。當我們選擇「手動駕駛」，勇於給出承諾、花時間認識和定義自己，才有可能實踐夢想。

人生就像開車，我們前往的目的地是終點，而我們採取的每一個行動，都是在持續修正方向。能夠持續朝正確方向前進的人，比起快速卻往錯誤方向前進的人，長期下來會更具有競爭優勢。

擁有自主的人生並不是一個遙不可及的夢想，它指的是把微小的信念好好地實踐出來。**打造夢幻工作的工**

程不是一夕之間的壯舉，而是每天微不足道的累積。如同《原子習慣》（*Atomic Habits*）作者詹姆斯・克利爾（James Clear）的經典譬喻：「你採取的每一個行動，都是對你希望成為的那個人投票。隨著票數的累積，你新身分的證明也會隨之增加。」我們採取的每一個行動，都是對我們想成為的那個人投下一票。

行動指南

1. 在你人生的最後被蓋棺論定時，你希望別人會怎麼評論你？
2. 找出自己未來想要成為的樣貌，目前有哪些代表人物，去了解他們的生活和工作樣貌是否符合你的期待。
3. 用你最常用的筆記工具撰寫「十年願景」和「兩年封面故事」，並且分享給你最信任和親近的親友。

Step

4

職場自由的獲利公式

商業模式

生命的重點是不斷成長、不斷變化。人生不是靜態的，沒有固定終點，也不是回答完以後要當什麼樣的人之後，一輩子就這樣了，不能再變。

——《做自己的生命設計師》（*Designing Your Life*）

• • • •

我們以往對於工作的定義，大多停留在要從事哪一種「職業」。許多人在考慮自己想要從事什麼工作的時候，經常是以雇主提供的職缺說明（Job Description）來思考。但是，這就像把自己硬塞進某個蘿蔔坑，強迫自己適應、接受職缺的工作內容。

不過，一旦發現這個職務不是自己真心喜愛的，為了薪水和社會觀感，很多人寧可自欺欺人，繼續硬撐，弄到最後離自己想要的模樣愈來愈遠，和真正的自我愈來愈疏離。有人可能會鼓起勇氣換工作，從這家公司跳槽到別家去，但就算跳來跳去，終究還是找不到能夠盡情揮灑、屬於自己的地方。

為什麼會這樣呢？原因是，大部分的職缺說明只是標準化之後的產物，是符合公司基本利益和招募考量的描述，但並不一定適合自己。事實上，世界上沒有替我們量身打造的工作，但是其實只要活用「商業模式」（Business Model），就可以讓工作更符合我們想要的樣子。

如何創造符合自身需求的工作？

建築師在蓋房子之前，必須先畫好工程藍圖，「商業模式圖」就是一家公司的營運藍圖，是讓一家公司獲得財務支撐，能夠持續運作的邏輯。對於個人來說也是一樣，「商業模式圖」也可以說是個人的理想工作藍圖，可以把自己在工作上的貢獻、創造的價值，與獲取收益的方式做緊密結合，找到最符合自己需要的工作。

企業為了在不斷變動的時代存活下來，必須持續評估、修正商業模式。我們也需因應環境的變動，不斷調整個人的商業模式圖。尤其是有下列這三種需求的人，如果可以熟悉商業模式的使用，必能看見更多的可能。

1. 我該如何累積專業能力、提升自己在職場上的影響力？想知道有沒有更好的策略？

2. 我好想跳脫傳統職涯路徑，還有哪些可能性？是否存在更好的轉職方案？
3. 我如果要開始經營個人品牌，該怎麼做比較好？該如何創造社群影響力？

對於這些問題，一開始的時候我沒有很明確的答案。但隨著一次又一次練習個人的商業模式圖，我開始看見了許多意料以外的可能性——那些我不曾想過，但確實存在的可能性，並且慢慢打造出夢想的工作，甚至是能夠賴以為生的一人創業模式，逐步邁向自主的人生。

當我們關注的是人生的「價值」和「目標」，而非目前我擁有什麼專業技能、只能屈就於某種工作時，我們會驚訝地發現，人生道路上浮現出許多意想不到的風景。

怎麼規劃商業模式圖？

我在三十歲的時候，才透過閱讀學會了指數化投資的方法，透過閱讀學到許多自我管理和領導統御的技巧。這對以前很不愛讀課外書的我來說，是一個非常巨大的衝擊，原來「書中自有黃金屋」是真的！我很感嘆自己這麼晚才體悟到這件事，但也慶幸自己終於體悟到閱讀能帶給我的力量。

接著我發現了兩個「痛點」。第一個是對我而言，閱讀對職場和生活很有幫助，但我讀完卻不易記住和應用。第二個是當我遍尋了閱讀心得和說書分享的內容，我發現書評相關的部落格品質不一、說書人自身經驗不一定足夠，而且絕大多數的人都做得不夠長久。

因此我想到，不如來記錄自己的閱讀心得？一方面可以幫助自己記得書籍重點，另一方面還可以分享一套有系統的書評。當時我還有正職工作，利用下班時間實驗性地先寫了五篇讀書心得，發表之後我獲得了一些回饋，有讀者告訴我，這種筆記內容對他們很有幫助，希望能再讀到更多。這些回饋讓我產生「或許我可以透過寫部落格，來幫助和影響更多讀者」的想法。於是我說書事業的第一版商業模式圖就此誕生。

商業模式圖的九個構成要素

從 112 頁的圖 7 可以看到，商業模式圖由九個關鍵要素組成，你可以依下列項目，一項一項來思考，並寫上目前的答案。

記得，不論是企業或個人商業模式圖，都需要時常拿出來評估、修改並行動，所以不用害怕現在寫上的答案不夠完整，我們都是在探索新方向的路上。建議可以在一張 A4 白紙上畫出 112 頁的表格和九個關鍵要素，然後用便利貼寫出你所想到的答案，貼到相對應的欄位上。便利貼的使用，讓我們保留修改的彈性，如果第一次寫得不夠好，只要撕掉便利貼重新寫一張就好。這個練習的重點在於釐清自己的商業模式，而不是做出一張精美的圖表。

1. 目標客層

就企業而言，就是要接觸或服務的個人或組織群體；對個人而言，就是「我要幫助的是哪些人？」

如果你不知道你的目標客層是誰，只要把自己這樣類型的人，當成你的顧客即可。我是一個三十歲之前不喜歡也不讀書的人，竟然在三十歲之後，開始經營書評部落格、打造說書事業，這樣的一個自媒體，會吸引到怎樣的人呢？我的顧客廣義來看，是有閱讀習慣、喜歡閱讀的人。狹義來說，是將閱讀視為「自我提升」工具的人，可能大多跟我一樣，在職場有數年工作經驗、以前不喜歡閱讀、想要發展斜槓事業的人。我所分享的內容，正是這類不喜歡閱讀但想提升自我的人所需要的

圖7　瓦基第一版個人商業模式圖（在職斜槓）

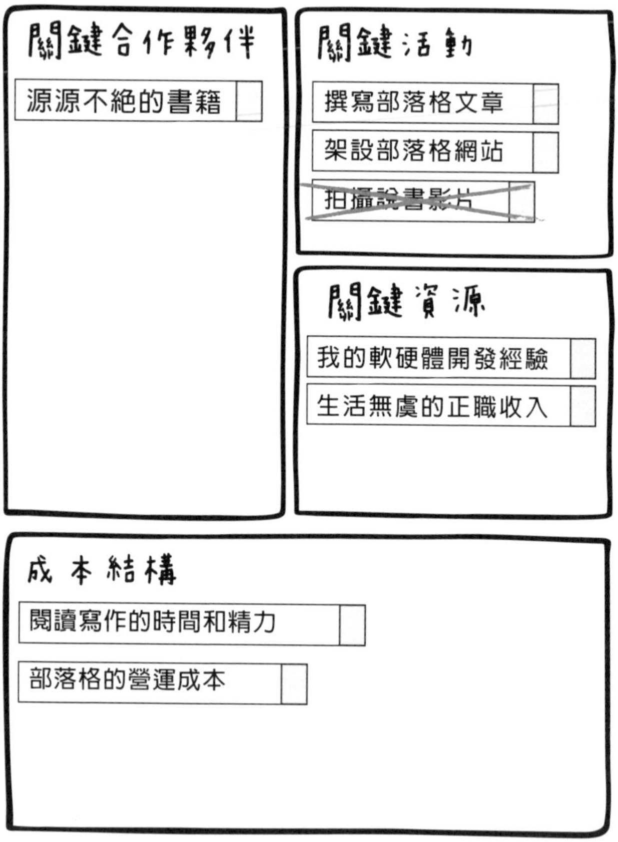

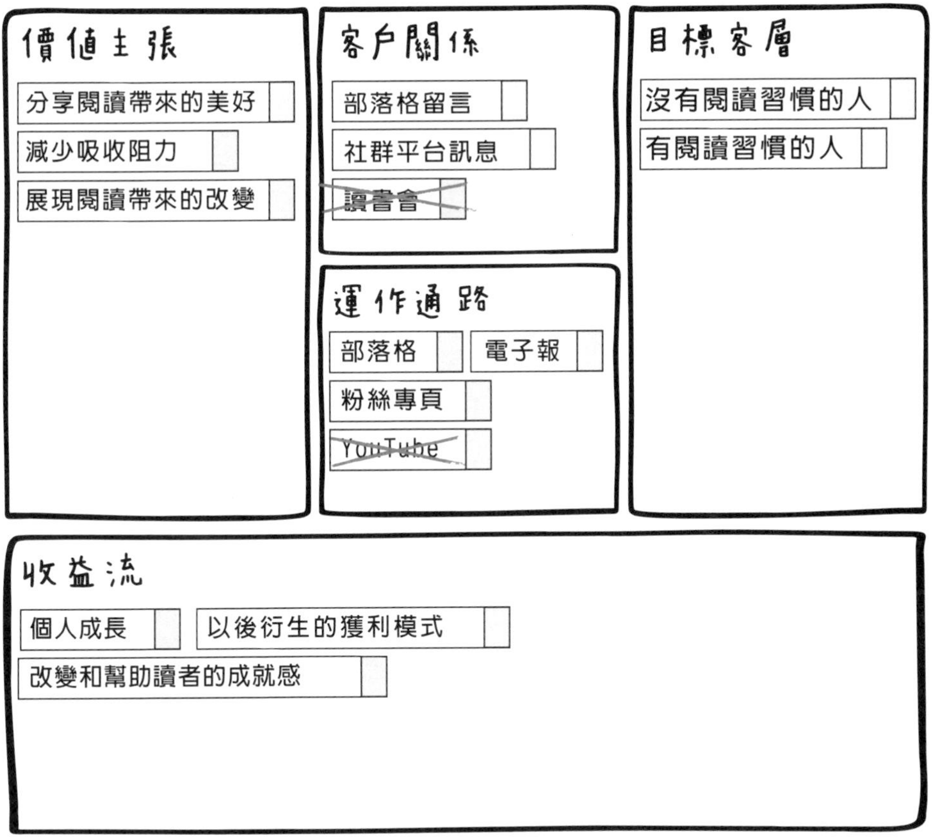

價值主張
分享閱讀帶來的美好
減少吸收阻力
展現閱讀帶來的改變
客戶關係
部落格留言
社群平台訊息
~~讀書會~~
運作通路
部落格
電子報
粉絲專頁
~~YouTube~~
目標客層
沒有閱讀習慣的人
有閱讀習慣的人
收益流
個人成長
以後衍生的獲利模式
改變和幫助讀者的成就感

（建議可以對照「兩年封面故事」來思考目標客層）。

2. 價值主張

就企業而言，是要為目標客層創造出價值的產品與服務；對個人而言，就是「我如何幫助顧客？」

在規劃商業模式圖時，我寫下的價值主張是「傳遞閱讀的美好」，但我要怎樣確保每一次創作的內容，都展現出這個價值呢？一開始，我覺得要傳遞這個價值有一個困難點，大部分的人都知道「閱讀的好處」，可是也僅止於「知道」，不一定能夠切身「感受到」，更難以真正「做到」。這個現象對我的挑戰就是，該如何有效地傳遞閱讀的價值，讓原本令人抗拒的事情，變得更貼近生活？

我回想起之前跟朋友去一間麵館吃飯，發生一件有趣的插曲。他是一個非常害怕「韭菜」的人，只要麵裡面有韭菜段，要全部挑出來之後才開始吃麵。當天，我們各點了一碗麵，色香味俱全的湯麵一上桌，便開始大快朵頤，而且一直稱讚麵的湯頭和風味。吃了一半之後，我留意到湯裡面有很多小小的、綠色的塊狀蔬菜，我挑起這些綠色蔬菜仔細試了一下味道，我告訴他：「你有發現嗎？這些綠色點點是切碎了的韭菜。」他感到十分驚訝，仔細品嘗兩口之後，也確認了這些是切碎的韭菜。才發現切碎的少量韭菜，扮演了提味的效果，卻又不至於令不喜歡韭菜的人感到排斥，反而讓他對湯頭讚不絕口。

我從這個小插曲獲得靈感：改變呈現的形式，就有可能獲得不同的效果。因此我調整了撰寫讀書心得的形式，把我學到的每一個重點拆成 300 至 500 字的短篇段落，直截了當地說我從中學到了什麼、實踐之後我改變了什麼、又有什麼是令我感興趣，想要繼續延伸閱讀的。後來，我還把長篇文章的內容拆成一則則不到 100 字的金句貼文，方便讀者在社群媒體上快速吸收；此外，我也把文章轉換成 Podcast 說書，讓讀者可以利用零碎和通勤的時間聽完一篇讀書心得。這些做法同樣都是在「傳遞價值」，於是我又新增上「減少吸收的阻力」、「展現閱讀帶來的改變」，希望以更貼近生活的方式來傳遞閱讀的美好。

3. 運作通路

就企業而言，如何和目標客層溝通、接觸，以傳達其價值主張。對個人而言，就是「別人是怎麼知道我的？我透過哪種方式服務別人？」

在還未離職前，我是利用下班時間經營說書事業，相信很多人也有斜槓的經驗，我覺得有件事值得分享，就是我後來調整、簡化了關鍵活動、顧客關係和運作通路，因為我的時間有限，只能專注在少數的關鍵活動、客戶和通路上面。因此，我選擇架設個人部落格為主要通路，刪除了當時缺乏心力和時間投入的 YouTube 說書影片。

4. 客戶關係

就企業而言，指一家公司如何經營、維護與目標客層的關係。對個人而言，就是「我如何與顧客互動？」

在客戶關係方面，我選擇用社群平台來經營，社群平台除了用來發布內容之外，也是讀者回饋意見的最直接管道。經過多方比較之後，我瞄準了台灣用戶最常使用的 Facebook 和 Instagram，在上面發表內容和聽取私訊的意見回饋。除了經營自己的社群之外，也額外參與了一些公開的讀書社團，在上面分享我的讀書心得以及回答網友的提問。

確定自己的通路和如何經營顧客關係後，其餘的很多方法，像是主動投稿到別的網站、在別的節目受訪曝光、跟別人在新通路發表內容等，一切會讓我分心的事，我都一律婉拒。因為在創造價值和傳遞價值的初期，正是最需要投入心力經營主要通路的時間。

5. 收益流

就企業而言，是從每個目標客層收取的利潤（扣除成本之後）。對個人而言，就是「我會獲得什麼？」

任何一個商業模式，只要能夠達成「創造」價值、「傳遞」價值、「獲取」價值這三件事，都有機會成為長久經營和獲利的事業。當然，經營一個讀書心得部落格也不例外，發表讀書筆記持續創造價值，在部落格和社群平台傳遞價值，最後我預期能夠透過出書、線上課程和廣告業配來獲取價值。

人生的財富不只是錢，還包含了成就感、心態、專業能力、如何管理時間等。因此，在尚未有實際獲利之前，是閱讀對我的改變、幫助讀者的成就感使我能夠維持熱忱，而出書、線上課程和業配等，都是後來才衍生出來的獲利模式。

6. 關鍵資源

就企業而言，指要傳遞價值主張所需的資產。對個人而言，就是「我是誰？我擁有什麼？」

關於資源，我常會思考兩個面向。第一個面向是我擁有什麼？像是我想嘗試的說書事業，我擁有的就是對於閱讀的真誠喜愛，我願意投入心力去閱讀、做筆記、整理文章、錄製成 Podcast。我擁有的最好資源，就是投入這項事業所秉持的恆毅力。

第二個面向是我缺乏什麼？在斜槓的期間，我最缺乏的是時間。我必須善用下班和假日的分分秒秒，投入到我喜歡的說書事業。而當一個人缺乏資源，他會想出更有創意的方式完成那件事情。像是我缺乏時間，所以我持續優化自己的閱讀和寫作流程，並對每一篇部落格的文章進行內容重製，在社群媒體上二度、三度分享，發揮最大的影響力。

我也必須學會使用和整合各種軟體，將作業流程盡可能地自動化，節省大量重複人工作業的時間。

7. 關鍵活動

就企業而言，指要傳遞價值主張所需的行動。對個人而言，就是「我做哪些事？」

在整個商業模式當中，規劃商業模式圖只是最前面的環節，是幫助我們擁有一個好的起跑點。而真正能讓商業模式開始運作，並達到長期獲利的是執行「關鍵活動」。在執行商業模式的過程當中，如果硬要說一個比例，我會說關鍵活動這個要素就占了我所投入的 80% 精力，其他的八個要素只要花 20% 的心力就可以了。就像是我想以部落格起家的說書事業，最關鍵的活動就是「每週發表一篇讀書心得文章」，這件事值得我投入絕大部分的時間精力去執行，因為唯有執行才能創造價值，真正傳遞我的價值主張。先穩定、持續地執行關鍵活動，再撥出剩餘的時間，去檢視、修正和調整其他的商業模式要素。

8. 關鍵合作夥伴

就企業而言，不可能掌握所有資源，所以需要供應商或合作夥伴的網絡。對個人而言，就是「誰能協助我？」

我在一開始嘗試斜槓時，更重視「執行」這件事情本身帶來的樂趣，大於我想得到的「效益」。因此我沒有特別尋求合作夥伴，而是把書本視為我的關鍵夥伴。我遇到什麼問題，就找什麼書來讀，自行研究可能的解法。透過這一段兼具樂趣和探索的過程，我更能夠深刻體會打造夢幻工作這條路上的甘苦點滴。到了轉型期，我才開始將出版社、製作課程公司、說書影音團隊納入合作夥伴，試著讓雙方的資源能發揮更大的綜效。

9. 成本結構

就企業而言，就是取得關鍵資源、關鍵活動、顧客關係等所產生的費用。對個人而言，就是「我要付出什麼？」

對我們個人來說，有形的「金錢成本」比較容易記錄，只要有基本的記帳和財務觀念就可以掌握支出的金額。但我覺得無形的「精神成本」是更需要被考量的。像是為了工作需要付出的時間、為了 on-call 需要取捨的假日、為了支應工作環境所付出的精神力，都必須計算在無形的成本當中。

如果我們要把自己當成一家能夠永續經營的企業，就必須同時照顧好有形和無形的支出，絕對不要讓自己的身心靈處在一個超支的邊緣。

如何實踐商業模式圖？

透過第一版的個人商業模式，我替自己的說書事業擬定了一個起步的策略，引導我持續嘗試和前進，並用商業模式圖規劃自己下一個階段的職涯目標。

既然我的長期目標不是「以後要做什麼工作」，而是「我的理想生活型態是什麼，並依據這種生活方式來選擇我要做的工作」。我相信自己能用以終為始的思維，找出現在和未來之間的落差，再透過目標設定、行動、持續優化的能力，我設定要用兩年的時間，朝這個說書的商業模式做出改變。

檢視商業模式圖的成本與成效

當我們在執行商業模式的時候，必須要持續記錄成本支出和收益，以便過了一段時間之後，我們可以回頭檢視執行的成果。

像是我在執行第一版個人商業模式時，曾試著開拓更多的收益來源，像是「講授線下課程」、「網站聯盟行銷」、「部落格文章業配合作」之類的獲利管道。我每一種都嘗試做過，為的是親自確認這些方法的「成效」，而不是單純放在腦袋裡面空想。當我實際去做過之後，我才會深刻地明白所謂別人的方法，應用到我自己身上適不適合，以及成效如何。

舉線下課程為例，我當時想驗證，如果我開設以「子彈筆記法」為主題的工作坊，有沒有獲利的可能？因此我自己舉辦課程，也接受其他單位的邀約開課，實際去感受顧客對這項方法的需求，評估這件事在未來的獲利機會。

進行了數場講座之後，我回頭檢視自己投入在備課、場地、行銷等方面的時間與金錢成本，並衡量之後的收入。我發現這是一個雖然有獲利能力，但不太符合投資報酬率的事情，因為我仍然是用時間在換取金錢。後來再加上新冠疫情的衝擊，線下工作坊變得無法舉辦，我也決定不投入時間轉製成線上工作坊。透過檢視成效，我知道這是一個可以備而不用的獲利方案。

我愈加投入說書事業，也發現愈多新的可能性，不到兩年，我又做了第二版的個人商業模式圖，新增上深藍色便條紙。像是經營 Podcast 得到讀者的廣大歡迎，帶來了更多業配的機會，也讓我受邀成為其他付費說書節目的主編。此外，由於我在閱讀、筆記和寫作領域的耕耘，也開啟了線上課程的合作機會，由合作夥伴幫我打點影片後製和行銷業務，而我負責產出課程核心內容。

隨著不斷地執行關鍵活動、盤點手邊有限的資源、跟夥伴建立合作關係、檢視成果做出果斷的取捨，讓我逐漸累積起更多元的獲利管道。而這也成為了我足以離職，全心轉往夢幻工作的墊腳石。

使用商業模式圖的心態

之所以要透過九個關鍵要素來規劃商業模式圖，並不是要填上一堆花花綠綠的項目，真正的目的是為了聚焦在重要的事情上，也就是我們的「價值主張」。

像是我後來離職投入自己的說書事業之後，經常會收到企業演講、企業培訓的邀請，甚至是前公司的演講邀約。但是每當我檢視自己的價值主張，我就知道這些邀約跟我想傳遞的價值主張「傳遞閱讀的美好」關係不大，因此我可以很果斷地拒絕，也不會因為拒絕而感到可惜。

商業模式也會讓我們對於資源的運用更加敏銳。像是我原本一度想靠一己之力，拍攝和錄製 YouTube 說書影片，但是礙於時間與金錢成本的門檻，我不得不先放棄這個念頭。直到後來，有夥伴提出合作的邀請，由他們負責拍攝和後製，我負責說書。由於說書影片本來就符合我的價值主張，再加上合作夥伴提供的團隊資源，因此這個合作就成形了。

使用商業模式的心態，就是聚焦在真正重要的事情上，並妥善運用自己和別人的資源。

圖 8　瓦基第二版個人商業模式圖（離職創業）

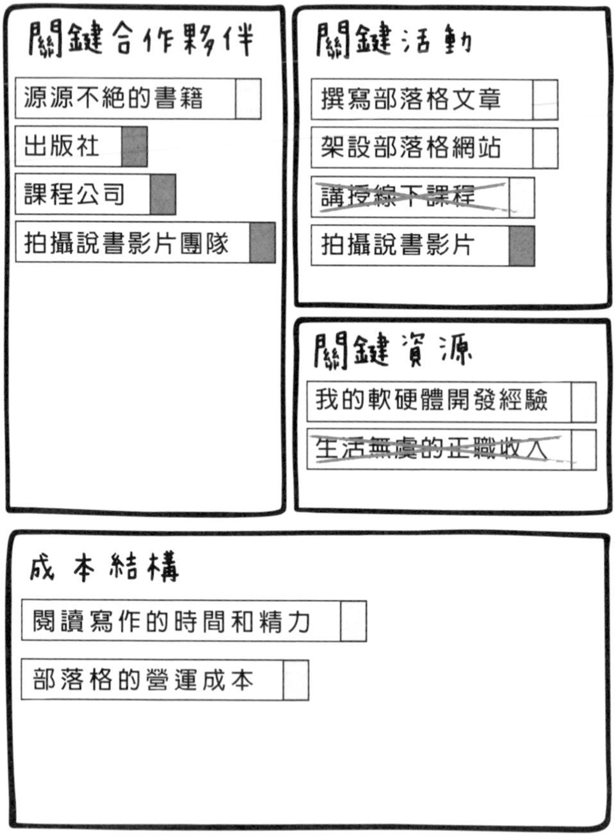

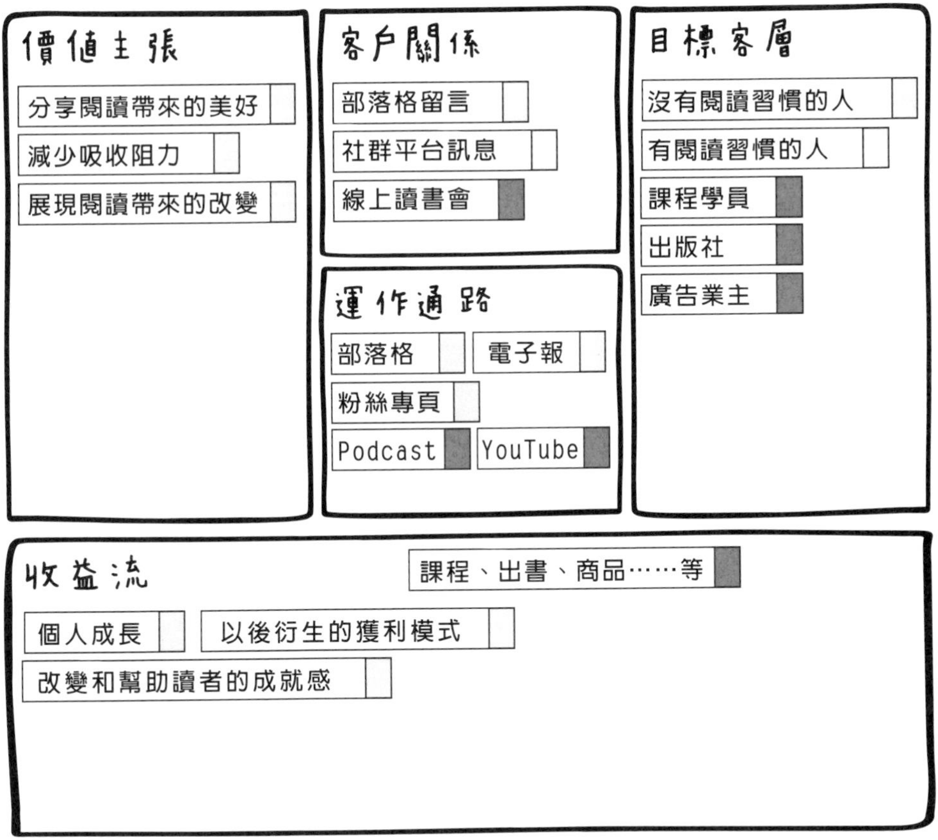
價值主張
分享閱讀帶來的美好
減少吸收阻力
展現閱讀帶來的改變
客戶關係
部落格留言
社群平台訊息
線上讀書會
目標客層
沒有閱讀習慣的人
有閱讀習慣的人
課程學員
出版社
廣告業主
運作通路
部落格
電子報
粉絲專頁
Podcast
YouTube
收益流
課程、出書、商品……等
個人成長
以後衍生的獲利模式
改變和幫助讀者的成就感

修正商業模式圖的時機

許多人對於商業模式圖有一些誤解，覺得做一次之後就不能改變，只能有一版商業模式圖。我的建議是，商業模式圖可以反覆修改、重複使用，特別是每年的年初、晉升時、轉職時、想開創新事業時，各種時間點都是一個很好的檢視時機。

商業模式並不是建立一次之後就放著不管，而是要持續建立、執行、檢視、修正。企業面對的是不斷變動的時局，我們的人生也是一個動態變化的過程，所以商業模式也要跟著自己的變化進行調整。

我之所以規劃出第一版的斜槓說書商業模式圖，就是因為我先檢視了自己工作和生活的平衡，以及考量未來的目標方向，發現在正職期間的商業模式並非我長期想要的。而在這個時候，就是做出修正的好時機。

接著，隨著我對斜槓說書的持續投入，並且持續檢視執行之後的成果，我開始找到各種不同的效益收入，逐漸累積成了一筆不容小覷的獲利。這個時候，我開始進行第二版的修正，開始規劃如果正式離職之後，我該將商業模式調整成什麼樣子。在我們採取行動之後，我們的能力、條件和影響力等，都會持續改變，因此要依據進展狀態，繼續修正自己的商業模式圖。

商業模式不是一成不變的，而是需要一直修正的。

行動指南

1. 試著以目前的工作，練習做一次商業模式圖，想到什麼就先貼上該欄位，因為是用便利貼，之後有想到更好的都可以隨時替換。
2. 接著試想你的長期目標，再規劃一張夢幻工作的商業模式圖，能貼上的便利貼很少也沒關係，只要先確立你的價值主張，其他東西都會慢慢開展出去。
3. 記得每隔一段時間，把你的商業模式圖拿出來檢視，持續修正、執行再檢視。

Step

5

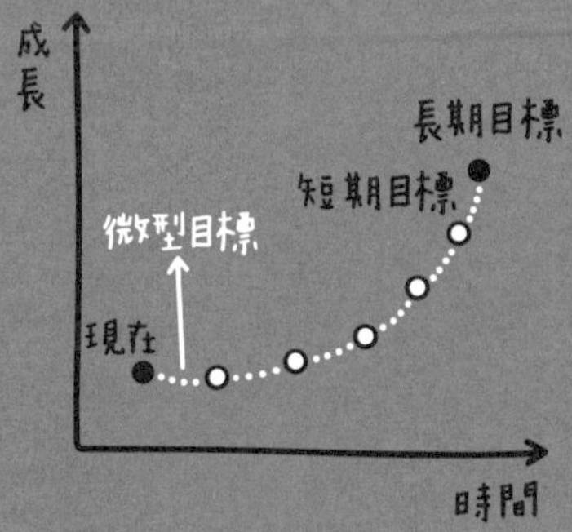

每一天
做一件小事

微型目標

熱情和目標不是我們渴望擁有的東西，也不是隱藏起來等待我們發現的寶藏。熱情和目標是一塊畫布，等待你在上面揮灑第一抹油彩。

——《初生之犢》（*Beginner's Pluck*）作者

麗茲・柏哈拿（Liz Bohannon）

• • • •

明確、具體的目標才能被實踐

設定目標的方式，我分為長期、短期和微型目標，這是幫助自己貫徹「以終為始」的思維，讓每個行動都圍繞著最終極的目標。我們已經學會用「十年願景」設定長期目標，用「兩年封面故事」給予自己一段試驗期，設定短期目標。但你可能會覺得這兩個目標還是太大，具體應該做什麼呢？我把每一天、每一刻都可以做的事，稱為「微型目標」。

設定微型目標最重要的關鍵是，讓目標是明確具體、可被行動的。微型目標並不是「第三個月累積 1000 位粉絲」、「第六個月接到第一筆業配合作」、「第一年達成部落格 100 萬次瀏覽」這種目標。這類型的目標，我一律稱之為「不受我們控制的目標」，因為控制權不在自己的手上，而是在粉絲、業主、搜尋引擎演算法的手上。

若想達成長期和短期目標，就必須確保每一個微型目標都能被實踐和完成，因此微型目標應該要是「我們可以控制的目標」。像是每週發表一篇文章、一個月做出一個堪用的部落格，這類型的目標，控制權完全在自己的手上，能不能達成只跟自己有關係。

盤點與目標間的距離

我在兩年封面故事寫下的受訪內容是，寫部落格或創立頻道，經營自媒體的心得，也依照這個目標規劃出說書事業的商業模式圖。為了讓商業模式順利運作，我們要隨時提醒自己，有沒有依據自己的「價值主張」，持續不斷地把「關鍵活動」做好做滿。因為必須先創造價值、傳遞價值，然後才有獲取價值的機會。

所以，無論我們的目標訂在哪裡、商業模式長什麼樣子，最重要也最不容忽略的，就是我們有沒有把主要的精力，投入在執行關鍵活動上。執行關鍵活動，並不是隨便喊喊的口號，而是要落實到每一天、每一週、每個月都持續執行。**我們可以將關鍵活動進一步拆解，設定成「微型目標」，幫助我們小步邁進**。

我曾經很好奇前公司有一位非常卓越的資深主管，每次就算遇到難題，他也能屢屢斬獲，立下不少亮眼的戰績。有一次我終於有機會問他，為什麼他能夠完成這麼多看似不可能的任務，達成許多別人眼中難以企及的目標？我永遠也忘不了他的表情，他開心地笑著對我說：「因為我掌握了一個關鍵方法『盤點』，只要這招用得好，可說是用一招打遍天下。」

盤點的方法是源自於「標竿管理」（Benchmarking）的管理學說。標竿管理是以該產業裡的「卓越公司」做為標竿，盤點他們的競爭優勢，學習他們的作業模式。實際的做法就是，在我們訂立目標和執行方式的時候，先進行一輪詳細的盤點。盤點內容包含：向我們目標的「角色楷模」（Role Model）對齊，參考他們之所以成功的做法、失敗的經驗，把對方曾經採取的做法列出來，仔細評估每一項優勝劣敗，最後決定自己要採取的策略。

設計完商業模式圖之後，我腦中隱約有一個模糊的概念，就是希望自己成為一位內容創作者，透過文字分享所學，並以寫作為主、其他獲利方式為輔，展開自己的夢幻工作。這個時候需要設定我的微型目標，於是採取了盤點的方法，尋找心目中的角色楷模，先向他們對齊、借鏡，然後發展出最適合自己的做法。

以角色楷模（Role Model）為盤點對象

有一句諺語是這麼說的：「十年寒窗無人問，一舉成名天下知。」我曾經認為一個人要創立一番個人事業、踏上全新的職涯跑道，是曠日廢時且吃力不討好的事。直到看到網路上愈來愈多元的數位內容和自媒體逐漸興起，我才開始改觀。

十幾年前，一個人必須先在某個領域有極高的專業，才能透過登報、出版書籍或上電視節目被更多人看見。而現在的現象剛好相反，每個人都能透過新型態的數位管道，寫部落格文章、發社群貼文、錄製 YouTube 或 Podcast，直接接觸到網路上廣大的群眾。接觸和累積顧客，不再是成名之後才開始，而是從創作之初，就已經開始在經營自己未來的顧客。也因此，透過自媒體崛起的個人創業者愈來愈常見，他們發展事業和累積顧客的速度，透過網路無遠弗屆的傳播變得更快、更有效。

我心中有眾多經營自媒體的角色楷模，其中我最欣賞的就是《原子習慣》的作者詹姆斯．克利爾。他原本是一位傷後痊癒的出色運動員，2012 年才開始提筆在部落格寫作，每週他會發表兩篇關於習慣、決策和如何進步的文章，以及每週發送一則電子報。他也曾經將發表的內容「重新再製」轉發到社群平台上，獲得了廣大讀者的支持。三年之後，他跟出版社簽訂書約，受邀到各大企業和節目演講，推出了線上課程和周邊產品。至今，他的著作《原子習慣》成為全球超級暢銷書，至今已經賣出 500 萬本，光在台灣就銷售了 45 萬本。

真正讓我驚豔的，並不是克利爾後來取得的那些「外在成就」，而是他在事業起步時期的那些嘗試，以及他在過程中的每一個微小改善和進步。他所採取的行動，全都圍繞著他理想的生活和事業型態來展開。當我們將他的「關鍵活動」拆解成一個又一個的微型目標時，會發現一個共通現象：**它們都是最微小、可自己控制的事情**。

1. 在事業初期，他每週發表兩篇關於習慣養成的部落格文章，持續了三年。

2. 他將部落格的文章內容重製，發表於 Facebook、Instagram、Twitter，並且記錄哪一些貼文獲得更好的回饋和共鳴，再進一步發展成新的文章或書籍內容。
3. 他只接受關於建立和養成習慣的訪談和邀約，果斷拒絕其他不相關的事。

我期許自己成為像克利爾一樣成功的文字內容創作者，有紀律地產出和創作對讀者有幫助的內容，持續收集讀者的回饋，將心力全都放在能傳遞價值主張的關鍵活動上。當心中有一個楷模的時候，就更容易設定自己的目標。我的楷模是克利爾，就不會分心去學習拍攝 YouTube 影片，變成一名影片內容創作者。

此外，我也盤點他所做的事情、達成的成就、花費的時間，對於自己需要做的事、需要學習哪些技能，以及需要花費多少時間，有更清楚的輪廓，進而設定可以行動的微型目標。

盤點需要多少時間

對於任何專案來說，擬定一個合理的「預期時程」

是很重要的。**當我們知道預期要花多少時間才能達標，就能在過程當中保持耐心，採取更合理的方式去執行和運用手邊的資源**。

在開始打造夢幻工作之前，我已經建立將近一年的閱讀習慣，也從書中找到許多角色楷模。我會研究他們平均花了多少時間、在這段時間內做了哪些事情。我發現幸運一點的創作者，大約三年左右會開始嶄露頭角，而普遍的平均值大約是五年左右，稍微辛苦和坎坷的則長達十年以上。

我發現，成功的創作者們幾乎都擁有一個共同特質，他們「持續」發表創作的內容，「持續」帶給觀眾價值，「持續」累積自己的影響力。扣除一些因為特殊事件而爆紅的特例，基本上這套模式沒有任何例外。

給自己三年的時間努力

舉我最喜歡的角色楷模克利爾為例，許多人可能被上述那些「耀眼成就」給弄分心了。但是，最重要的反而是最不起眼的一段描述：「持續這麼做了三年」，每週發表兩篇文章。

真正困難的從來都不是後面的那些事蹟，而是開頭的那段過程；真正難達成的，從來都不是後面的收穫，而是過程中的堅持。

當我們在**盤點的時候，試著尋找模式，而不是故事**。只有一個人能成功的策略不代表什麼，能讓一百個人成功的策略才是真的重要。

於是我給自己設定的微型目標，就是至少花費三年以上的時間，每週發表一篇讀書心得。無論當週發生什麼插曲，我都得盡一切力量達成自己設定的微型目標。

另外，我覺得很值得參考暢銷財經書《致富心態》（*The Psychology of Money*）的作者摩根·豪瑟（Morgan Housel）的寫作策略，讓他足以保持長久不衰的寫作熱忱，那就是專注於自己有興趣的事。他曾在受訪中提到：「我寫作的對象只有一個，那就是寫給我自己看。我只寫我有興趣的東西。」他從自己感興趣的東西出發，因為對他而言有趣的事情，剛好也會讓某些讀者感到有趣。而這也是支持他撐過低潮、撞牆，甚至不被看好，還能繼續不斷寫作，以致寫得愈來愈好、文章愈來愈精采的關鍵之一。

我們並不會因為設定了長期目標而突然獲得成功，而是在一次又一次完成微型目標的時候，進步才有可能發生，這也是我們成長進步的真正關鍵。

盤點要用哪些方法

後來，我又有一個疑惑，台灣的創作者大部分是在 Facebook、Instagram、YouTube、Medium、方格子之類的第三方平台上發表作品。可是我盤點了自己欣賞的歐美作家，他們則是把第三方平台當成輔助，主要經營的是擁有自己網域的部落格或個人網站。

在盤點的過程當中，我也發現歐美作家通常會經營自己的電子報，向用戶蒐集 Email，透過寄送電子信的方式直接接觸到用戶。克利爾也不例外，他打從第一年就開始經營免費訂閱制的電子報，累積十年至今訂戶已經超過兩百萬名。無論第三方平台的演算法如何變化，都不會影響到他直接寄信接觸這些訂戶。從某種層面上來說，他「擁有」這些訂戶。

這個觀察讓我有所頓悟，如果仰賴第三方平台的粉絲數、仰賴演算法推薦自己的內容，無疑是將掌控權交給第三方，我們就只是第三方平台的其中一位創作者。但是當我們經營屬於自己的部落格、發送自己的訂閱制電子報，才能真正將主導權拿回在自己的手上。

因此，我設定微型目標要以「部落格」和「電子報」

為主，「社群平台」為輔，打造出屬於自己的「自媒體」通路——也就是當今傳遞價值最有效的方式之一。

先看別人怎麼做，再改善不足之處

當時，我想要打造的是類似書評部落格的形式，我又去搜尋國內外知名的書評網站，把他們各項通路的指標都列出來排排站。像是他們總共經營了哪些平台？怎麼經營的？部落格網站上面總共有幾篇文章？有哪些類別？文章的字數和深度要到哪種程度？他們持續寫了多久？排版的樣式有什麼區別？為什麼有些人這樣排，有些人卻那樣排？為什麼有些人只寫文字，不放插圖？為什麼有些人會搭配一些插圖和影音？當我做完一輪盤點，已經對如何經營自媒體有足夠的掌握度，也更清楚要投入心力在哪些通路上面。

這時要做的事就簡單許多：截長補短、見賢思齊。以部落格和電子報為例。

- **打造部落格：**我最喜歡的部落格樣式，是「無廣告」的閱讀體驗。因此我架設部落格的目標，就設定成「文章和照片穿插、沒有置入廣告」的簡潔版面。所有樣式設計，都以讀者的閱讀體驗為最優先考量。

當時我花了三個月的時間，來來回回修改部落格的版面，也請一些好友進行試用，持續調整成現在的樣貌。

- **經營電子報：**我當時訂閱了不同作家的電子報，發現我很討厭那種讀起來「落落長」又太過「花俏」的電子報。所以我一樣採取強調閱讀體驗的簡潔設計，電子報的微型目標也很單純，就是開始蒐集訂閱者名單，然後穩定地每個禮拜寄送一封電子報，內容就是我每週在部落格上更新的新文章。

盤點要學習的「共通技能」

從現況到未來的長期目標之間，必然會存在很多技能的鴻溝。尤其是當我想要從傳統的職場工作者，轉變成一名以文字內容創作為商業模式的工作者時，這之間的技能鴻溝是非常巨大的。我仍是使用標竿管理法，盤點出真正關鍵的技能，並且投注心力去培養和建立。

盤點許多成功創作者時，我們要特別留意他們之間的「共通點」，也就是放在各行各業都通用的「共通技能」。以我想要成為文字內容創作者為例，我將共通技能依重要性排序：寫作、演講、行銷、管理、變現管道。

一開始起步時，我對這些技能都不熟悉，但我告訴自己：「抱持成長心態，我只是還不會。」在面對陌生、有挑戰的事情，只要轉念想成「**我還不會，但我可以試著去學會**」，就可以帶來轉機。

排出學習的優先順序

如果我們在一開始盤點出需要學習這麼多項技能，覺得有點招架不住的話，我建議可以依照商業模式的順序——創造價值、傳遞價值、獲取價值——來學習。例如寫作就是在創造價值，演說和行銷是為了傳遞價值，管理和變現管道是最後獲取價值的手段。

能夠幫我們「創造價值」的技能，絕對是優先學習的重點。像是內容創作者的重點技能就是寫作能力，程式設計師的重點技能就是撰寫程式的技巧。這一個環節是最優先，也是需要花最多心力去持續精進的部分。

其次，幫我們「傳遞價值」的技能，可以放相對較少的心力去學習。像是演講、行銷之類的技能。學習這類型的技能在於尋找一個實際的成果去產出，例如參加一場簡報競賽、講授一堂教學課程、設計一套銷售簡報

（Sales Kit）。目的不在於專精這件事情，而是懂得如何實際應用即可。

最後，才是學習「獲取價值」的相關技能，也就是變現的各種方法。像是提升自己的談判技巧爭取加薪、學會各種知識變現的方法去銷售產品與服務。

我也依據自己的經驗，訂出需要投入多少時間心力的比例：60% 創造價值、30% 傳遞價值、10% 獲取價值。我之所以把獲取價值的技能放在最後，是因為我觀察到許多失敗案例有一種共通的現象，那就是在一開始太關注「獲取價值」。就像是剛進入社會的職場新鮮人，學了一大堆加薪的談判技巧，結果反而爭取不到加薪，是因為他忽略了真正帶來價值的，是能夠創造價值的技能。

一位內容創作者學習一百種變現模式，卻忽略了最重要的創作內容，到頭來只會換得曇花一現的獲利。一個無法持續創造、提供價值的個人或事業，無法長期在這場遊戲裡生存。

這一路上，我學會了如何寫作、如何架設和經營部落格、如何行銷自己的內容、掌握基本的演說技巧、發展出了各種的變現方式。漸漸地，我會把那些還不夠完美的部分，當成是我「還不會」的事情，我知道總有一天自己有能力學會那些事情。

而我的微型目標，就是持續在這些技能上面，保持學習的動力和精進的態度。只要我們能將這些技能拆解成微型目標，並且持續達成，長期下來就能累積可觀的成果，帶來巨大的改變。

看別人出版暢銷書時，每天寫 100 字好像不怎麼值得。看別人打破紀錄時，每天運動 10 分鐘好像不怎麼厲害。看別人多益考高分時，每天背 3 個單字好像不怎麼有用。但是，贏得「下一個十分鐘」，就是偉大的一種展現方式。

成功的訣竅就是把握下一個十分鐘，完成許多個微型目標，對每個時刻持續地投入。傑出的表現不是一時浮現的，而是一直投入所累積的成果。**成功，就是在微小的目標上持續求勝**。

朝北極星前進的微型目標

2021 年 1 月 5 日，當詹姆斯・克利爾刷新了網頁後台的數據頁面，他盯著螢幕開心地笑了出來。他經營的電子報正式突破了 100 萬名訂閱者（截至 2022 年 10 月

26 日已經有 200 萬名訂閱者）。

接受採訪時，被問到達成這個里程碑有什麼心情的時候，他回答道：「關於達到百萬電子報訂閱者這件事，我總共花了八年的時間。但我之前就知道這個里程碑即將到來，你知道我的意思嗎？」

電子報訂閱數和其他社群平台的追蹤數有什麼差別？如果一個人在社群網站或影音平台上有百萬的追蹤數，這些追蹤的粉絲仍然不屬於這個人的。每次張貼的新貼文，平台都要先透過「演算法」去計算貼文的成效、觀察互動的狀況，然後才決定要曝光到哪些觀眾的面前。如果這篇貼文無法獲得演算法的青睞，即使擁有百萬追蹤粉絲，也可能只有 1% 不到的觸及率（接觸到追蹤粉絲的比例），也就是不到 1 萬人會看到這篇貼文。

電子報的訂閱數則完全不同，100 萬名訂閱者如果有一半的讀者會固定開信，就等於每封信會被 50 萬人閱讀。無論克利爾寫了什麼，都知道自己的內容一定會被 50 萬人觀看。某種層面來說，他擁有接觸這些讀者的主導權，他「擁有」這些讀者。相較於其他社群平台的追蹤數、部落格的瀏覽數、書籍或課程的銷量，克利爾最關注的指標，其實是「電子報的訂閱人數」。

當我們退一步觀察就會發現一個驚人的事實：他經營自媒體的所有微型目標，都是以電子報訂閱人數為主。如果我們去細看他的 Facebook、Instagram、Twitter 貼文，會發現每一篇貼文都引導讀者訂閱他的電子報。雖然有些貼文是引導讀者前往他的部落格，但在每篇文章的最後，一樣會邀請讀者訂閱電子報。他接受的採訪、教授的線上課程、撰寫的暢銷書《原子習慣》，全部都看得見他邀請讀者訂閱電子報的痕跡。

要理解這種做法的背後邏輯，必須先認識一個商業世界的專有名詞「北極星指標」（North Star Metric）。

什麼是北極星指標？

許多矽谷創業家說的北極星指標，指的是一家企業「唯一重要」的指標，指引著全體上下，全部朝同一個方向邁進。很多公司都有北極星指標，甚至有人誇口說，只要專注這一個指標就好（One metric that matters）。

例如，Facebook 的北極星指標是「每月活躍用戶」，Spotify 的是「聆聽音樂的總時間」，Airbnb 的是「訂房的總日數」，WhatsApp 的是「傳送的總訊息數」，Uber 的是「每月搭乘數」。任何一家公司在設定目標的時候，一定會思考自己的北極星指標是什麼，嚴格檢視所有的「行動」都要能夠有助於推動北極星指標，才有執行的價值。

克利爾把一切的行動專注於北極星指標，這麼做帶來哪些好處？他的每一篇社群貼文，就是電子報內容的其中一小部分，這些內容用於探測讀者的喜好，觀察哪些內容跟想法會引起讀者的互動。發布社群貼文的同時，也帶來了新的電子報訂閱者。他會在每一篇電子報裡面，邀請讀者將內容再度分享到社群平台上，吸引更多原本沒有訂閱電子報的讀者。愈多的訂閱者，代表更高機率在平台上和他的貼文互動，進而推動他的北極星指標成長。隨後，他推出的書籍《原子習慣》和實體商品《習慣日誌》，自然就引起廣大訂閱者的興趣和購買行為。

那我們就會了解他受訪時的回答：「但我之前就知道這個里程碑即將到來，你知道我的意思嗎？」意思就是，當我們總是在前往北極星指標的方向上採取行動，等著我們的就只是「快一點成功」跟「慢一點成功」的差異。

對他而言，成功是一種必然，而非偶然的結果。因此我們可以大膽預測，他未來推出的任何新產品或服務，只會有兩種結果：成功，或者非常成功。

自媒體的北極星指標

一位自媒體創作者的北極星是什麼？不應該是我們不可控制的事情，像是社群媒體的流量、某一個商品的銷售額、接受別人採訪的次數；相反的，應該是我們自己可以掌控、可以努力、可以累積的，像是電子報的訂閱數、提供的產品或服務的客戶留存率。

因此我也採取類似的策略，將社群媒體的所有貼文都設計成引導回「閱讀前哨站」部落格，在部落格的每一篇文章邀請讀者訂閱電子報，接收每週固定更新的讀書心得文章。我也在 Podcast 說書頻道「下一本讀什麼」，每一集的內容和資訊欄中放上連結，引導讀者前往我的北極星——訂閱電子報。[1]

後來接受採訪時，我常被問到一個問題：「是什麼原因促使了我的自媒體事業持續往好的方向發展？」我的回答無疑是「電子報的訂閱人數」，雖然聽起來沒有什麼，但這的確是驅動我的事業持續發展的重要因素。

為什麼有些人很認真採取行動，既忙碌又努力，長期下來卻沒有獲得實際的成效？答案就是「沒有明確的北極星」，因此所有付出的行動，就只是看似辛苦的「瞎忙」和短期的「勞力」交換。

以簡報教學事業為例，一種人到處接來自四面八方的講座邀約，線下或線上各種型態來者不拒，偶爾在Facebook上面分享一些授課經驗和到處打卡。日子久了，他仍然四處奔波，為了下一場邀約在哪裡而擔心。透過這麼多努力，他或許累積了一些口袋裡的金錢，但是卻沒有創造出能累積的獨特價值。

另外一種人限定自己對每一種產業只接五場講座，然後把每個產業的授課經驗彙整起來，在部落格上分門別類、撰寫不同產業的授課精華。隨著他彙整內容的增長，之後開始出版成書，並且將各產業的授課獨立開來，販售起針對各產業的高單價課程。

所以，在我們設定微型目標的時候，一定得時時提醒自己，這項目標，長期是否能累積成一定的價值？這些目標是否能夠推動北極星指標的成長？以北極星指標前進的微型目標，才會讓我們離長期目標愈來愈近。

社會給你的真正獎勵

最後，我們也必須記得：**這個社會獎勵的不是我們的目標，而是我們創造出來的價值**。無論我們寫了幾百篇文章，如果這些文章對其他人毫無幫助，儘管努力達標了也不會收到任何的獎勵。如果我們直播自己玩遊戲的實況，結果噴的垃圾話一點也不好笑，打輸和打贏也沒有任何情緒，那麼就算直播了幾百場遊戲，頻道也不會有起色。

只有當我們提供了具體的價值，達成的目標才有意義。獲利是一時的，但價值是一直的。微型目標的用意是讓我們朝著可控的方向持續前進、持續創造價值，藉由累積微小的成就感，產生源源不絕的動力。

行動指南

1. 找到你喜歡的角色楷模，盤點他們花多久時間、做了哪些事情（成功或失敗都可以）、需要哪些技能，問自己「這是你想要的嗎」？
2. 確認自己目前與目標的差距，你可以拆解出可行動的、可量化的微型目標，並採取行動。
3. 如果你有寫日記或子彈筆記的習慣，最好把微型目標拆解成每個月或每週可完成的事，寫進筆記裡，在每天安排新任務時回頭檢視是否達成目標。

1 掃描 QR Code 免費訂閱「閱讀前哨站」電子報。每週收到最新的閱讀筆記、好書金句、語音說書、選書指南。

Part 3

保持動力的三種方法

—— 內在動能

你有沒有過這種經驗？設定一個很遠大的目標，全力衝刺一陣子，達成了某個里程碑之後，突然感到動力全無，結果就放棄了呢？我有，而且不只一次。

我進公司不久之後，看到許多學長和前輩在假日揪團去外縣市跑馬拉松，然後在社群網站上張貼吃吃喝喝的照片，整個行程看起來健康、陽光又好玩。我暗自訂下一個目標，想要像他們一樣成為「身上掛滿獎牌的馬拉松跑者」。

我花了半年時間勤勞練跑，最後用最低標準六個多小時的時間完成了兩次42公里的全馬。儘管達成了這個成就，但我反而覺得有種空虛感，失去了再度參賽的動力，之後就沒有再參加過任何一場馬拉松。

另一次的經驗，是當我看到具有半導體製程背景的前輩，在會議和談吐之間流露出來的自信。由於我是機械背景出身，擅長的是機台軟體和硬體的整合，對半導體製程的認識只停留在很基本的程度，所以每每在和具備豐富半導體經驗的前輩對話的時候，總是感到有點自卑。我也要像他們一樣成為「半導體製程經驗豐富的工程師」。

當時公司開購書團購，我跟風買了一本厚重的《半導體製程技術導論》，搭配公司內部的教材和基本的人脈，開啟了學生時期的讀書模式。我花一整個月的時間研讀書籍和資料、勤做筆記，書的前三個章節做滿密密麻麻的筆記。但是在職場上，我還是沒辦法跟上前輩對話的節奏，我離他們還是太遠、太遠了。當我回顧這些筆記，想要再度發憤圖強時，卻心裡感到一陣空虛，這好像不是我真正想要的。我闔上書本，任由那本書放在書架上生灰塵。

我當時覺得自己這種「三分鐘熱度」的態度很不可取，但又說不出哪裡不對勁。為什麼明明是這麼好的目標，我卻沒有動力堅持下去？怎麼那麼容易就放棄？仔細想起來，我對這兩項目標的追求，其實都是為了獲得別人的肯定，以及滿足自己的虛榮心。當我回顧這兩項曾經拚盡全力，卻又快速放棄的目標，分別可以看到一些蛛絲馬跡。

我想成為「身上掛滿獎牌的馬拉松跑者」，這是一種外在動機，再進一步想，我為什麼想要成為馬拉松跑者，是因為希望自己被認可成成功人士的模樣——陽光又熱愛運動和享受人生，我的內在動機其實是為了滿足自己的虛榮，變成自己渴望成為的人。實際上，我感興趣的運動是從學生時期就一直練習的國際標準舞，舞藝的精進、與國標社團和舞伴的關係，才是我真正重視的。後來我將跑步這項運動，轉變成偶爾跑三、五公里的體能訓練，為的是輔助我跳舞。

我想成為「半導體製程經驗豐富的工程師」，這是為了克服自己的自卑感，我認為獲得前輩的認可，在頂尖的半導體公司中就不會矮人一截。但是我真正花最多時間投入、最有動力的，反而是剛進公司就在做的自動化軟體開發和硬體機械設計。我喜歡精進軟硬體整合的能力，在乎使用我開發出來的產品的使用者。

當我對這兩個目標的追求只停留在很表層的原因，一旦獲得了初步的成就（能跑完馬拉松），或者遭遇到小小的挫折（跟不上前輩的對話），很快就感到空虛、不耐，最後放棄。然而，若我們心中有一個打造工作的長期目標，想要成為那一個更好的自己，就得保持穩定地前進，不輕言放棄。因此必須找到一些方式，來讓我們保持動力。

我相信凡事都得先從自己的「內在」開始改變，然後再逐漸「向外」拓展。我從一個著名的心理學理論「自我決定理論」（Self-determination Theory）了解到，要成功達成目標的關鍵，很少是源於外在動機，多半都是從內在動機出發，而內在的動機和與生俱來的心理需求有關。追求心理需求的滿足，也是促進我們潛能成長和自我實現的必要元素。

基本心理需求分為三種：自主性（Autonomy）、勝任感（Competence）與關聯性（Relatedness），當我們的努力能滿足這些需求時，不論別人讚賞與否，我們都會感到真正的滿足。也就是說，當我們想打造自己的夢幻工作時，要先有一個自主的生活態度，在特定領域持續學習，最後對別人產生助益，和世界建立起互利的連結，就能夠保持源源不絕的動力，在這場長期遊戲當中走得更好、更穩、更遠。

Step

6

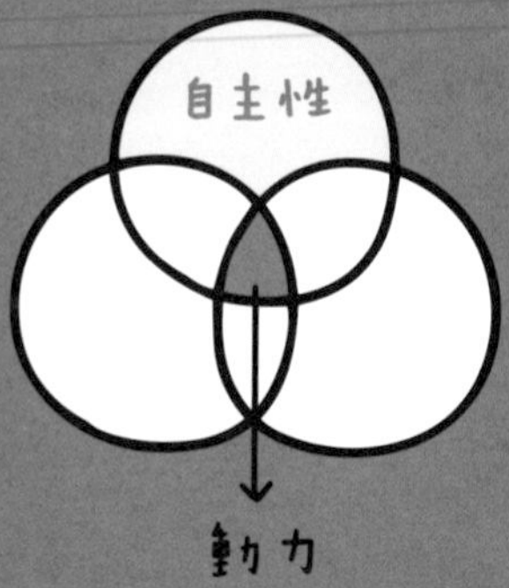

掌握人生主導權

自主性

所謂有意識的生活，是在他人的決定影響我們之前，先為自己做主的本事。

——李奇·諾頓（Richie Norton）

• • • •

「活在當下」的陷阱

你常聽到「活在當下」這個蔚為風潮的說法嗎？我真心認為，「活在當下」是一個很容易被誤解的詞彙，而且這個觀念的背後，埋藏著一個危險的陷阱，一個害我差點爬不出來的陷阱。

我曾經很羨慕那些不到二十歲就知道自己人生目標的人，他們很快就踏上一條充滿熱忱的道路，用看不見車尾燈的速度疾駛而去。而我呢？說真的，打從讀大學選科系到真正進入職場工作，我都處於一個「不知道」的迷茫狀態。

大學選系前，我只知道考試盡量拿高分，填選志願就填那個分數能上的最知名學校。研究所前，我只知道「魔獸三國」的黃忠中路無敵，可以推甄到哪個最好的學校系所就去讀。上班那麼忙，下班可以連上「暗黑破壞神三」就是小確幸，工作只要盡力做、有錢領就好。

我當時不知道怎樣才叫做有目標，也不知道自己真正想做什麼，既然如此，就走最標準的路線：讀一個好大學、做一個好工作、賺一份好薪水。我也不知道未來會如何，當時唯一遵循的信念，就是在每件事情、每個專案、每個階段都發揮自己最好的表現。

因此我自以為擁抱了「活在當下」的心態，完全專注於眼前的工作，不去管過去做得好不好，也不管未來的發展會如何，我相信船到橋頭自然直，事情總會被解決，鳥事總會熬過去。

當工作有突發狀況，我願意取消很久以前就安排好的出國行程，反正以後再去也可以。跟別人的聚會爽約了，我會不帶愧疚感地說聲抱歉，都是因為工作太忙了。女友問我下一個節慶要去哪邊度假，我裝死不答，反正她如果真的想去，她就會安排好所有行程。我就這樣「活在當下」好長一段時間。

如果生命是一輛車，當時的我就是車上的乘客，將方向盤全部交給自動駕駛，任由它帶著我到處橫衝直撞。我只要盡情地活在當下，認真工作、獲得升遷、賺到更多的薪水，一切都會迎刃而解的，是吧？

才不是。

拿回人生的方向盤

歷經好長一段時間的自我懷疑，我才驚覺自己貌似成功的人生背後有著巨大隱憂：缺乏全盤的規劃與自主、任由環境支配自己的生活、沒有願景與夢想的窮忙。

活在當下是一個陷阱。我認為那些老是聲稱自己「活在當下」的人，可以分成兩種類型：第一種是對過去進行回顧和反省，對未來胸有成竹，因此在當下活得十分從容的高手；第二種則是對生活漫不經心，走一步算一步，「只關心顧自己死活的混蛋」（這是女友曾罵過我的話）。

贏家和輸家都一樣「活在當下」，但是背後的心態卻大不相同。**能夠瞻前顧後又把握當下的人，是對自己人生負責的駕駛；總是顧此失彼只願活在當下的人，是任由人生迷航的乘客。**

如果凡事缺乏計畫，還強迫自己活在當下，就像是閉著眼睛過生活；如果不對過去進行回顧和反省，還催眠自己活在當下，就是對生活心不在焉，忽視了成為更好自己的可能。我們該如何擺脫這個陷阱，學習自主駕駛自己的人生？

自主第一步：建立晨間習慣

你早上起床做的第一件事情是什麼？

如果我們是一起床就拿起手機，接受來自四面八方的數位資訊轟炸，這個看似簡單的動作會支配我們一整天的狀態，似乎在告訴自己「手機上的東西比我自己還重要」。

我以前也是這個樣子，總是滑完手機之後就急著出門上班，然後一路上掛心今天會發生的事情、要舉行的會議、該處理的任務。結果我常常帶著混亂的心情抵達公司，然後又在忙亂的工作當中結束一天，回想起來又好像什麼重要的事情都沒有完成。

然而，事情大可不必這樣。我們可以透過建立晨間習慣，重新掌握人生的主導權，把自己放在第一順位。

研究指出，早晨醒來這段時光，往往是專注力最高、精神最好的時候，因此需要生產力和創造力的活動，適合安排在這個時段進行。無論是運動、冥想、寫作、閱讀，或者是享用早餐，擁有一套規律的晨間習慣，是建立自信心與主動心態的不二法門。

我曾經被讀者問：「為什麼一定要安排晨間習慣？我是天生夜貓子，難道我不能安排深夜習慣嗎？我晚上把事情做完，隔天醒來直接出門上班就好了呀！」當然，要選擇在早上或晚上進行規律習慣，完全是每個人的自由，但是起床後安排固定的規律習慣，我認為有它的道理在。

早起是為了善用有限的注意力

因為一個人一天的注意力是有限的，這個注意力經過一整天的工作消耗之後，往往在傍晚被消磨殆盡。所以若舉上班族或學生為例，我認為堅持晨間習慣才是比較理想的。尤其，像我以前在科技業工作的時候，工作往往是責任制，每一天都要迎接不同的挑戰，當天會不會額外加班都是未知數。累積一整天的疲勞下來，回家常常是注意力渙散，只想讓腦袋沉澱、休息。

因此選擇晚上才安排規律習慣的缺點是，白天工作的勞累程度「不是我們可以控制的」，我們很難確保下班之後還剩下多少精神。有時候工作一忙起來，又碰到緊急狀況要處理，下班之後真的會累得不成人形。當我們每天要面對「不確定性極高」的精神品質與下班情緒，就對習慣養成造成負面的影響。我們最不希望見到的就是，因為工作關係放棄了幾次之後，就無法堅持這習慣了，在幾次循環下對自己也愈來愈沒自信。

反之，選擇晨間習慣則完全不一樣。我們幾乎可確保只要遵守規律的就寢時間，早晨醒來的時候，精神品質和心情都處在最佳狀態，然後進行設定好的習慣。如此一來，我們每天幾乎可以用相同的精神品質來執行晨間習慣，不容易受外在因素影響，也形成保持習慣的良性循環。

我的晨間習慣是，利用早晨醒來一直到出門的一個半小時（我設定是早上六點到七點半），先做一段三十分鐘的瑜伽，然後閱讀一本感興趣的書，最後保留十分鐘的時間用日誌規劃行程，決定今天必做的三件重要事情。

這個習慣讓我覺得自己的每一天就像是「日常生活的人生勝利組」，在別人還沒出門的時候，我就已經完成了最基本的運動、閱讀和規劃。而且這種自動自發的習慣，讓我擁有人生的自主性，以及生活的掌控感，從容不迫地面對一天的展開。

自主第二步：建立筆記系統

正當我因為太過於活在當下，生活陷入一片混亂和迷茫的時候，我遇到了改變我一生的工具：子彈筆記法。[2] 這個工具代表的不只是字面上的「筆記」功能，而是一套幫助我找回正確生活態度的系統。

子彈筆記法的創立者瑞德．卡洛（Ryder Carroll），在幼年時患有注意力缺失症，因此難以專心於任何事情。他試著用手寫筆記的方式來克服分心的狀況，經過反覆試驗之後，整理成子彈筆記這套方法，可以幫我們強化注意力、增加生產力、達成預定目標。

我當初被這套方法吸引，就是因為它號稱能夠追蹤過去、釐清現在、設計未來。這不正是我最需要的嗎？因此我開始嘗試子彈筆記，記錄每一天自己「完成」和「未完成」的任務，分別在早、中、晚三個時段，規劃和檢討當天的任務，並且在每個週日傍晚挪出十分鐘的時間，除了回顧當週的進展，同時也安排下一週的重點任務。**頻繁的回顧有助於未來優先序的排定**。

漸漸地，我不再擔心有突發事件或者是臨時的邀約，因為我可以隨時翻閱子彈筆記，依據我的長期計畫來做出短期的調整。自從有了一套讓我能執掌生活的筆記系統，我知道要如何運用每一時、每一天，更確實地朝長期目標邁進。

我也使用子彈筆記同時兼顧了正職工作和斜槓創業的發展，子彈筆記的精神在於「主動規劃」自己的生活，就算在職時只能用下班時間經營說書，我仍設定自己每天必做的三件事，除了工作外，一定要有一件是為了我的長期目標而做的事，雖然一天只能做一件事，但日積月累下來，我竟真的達成了目標。

當我們能主動規劃，而非被時間、事情追著跑，我們會更願意、更有動力、更有韌性地面對未來挑戰。用子彈筆記規劃生活，就是一種有自主意識的生活方式。

子彈筆記的極簡用法

當時我在網路搜尋「子彈筆記範例」，映入眼簾的是各種花花綠綠的漂亮筆記和格式，我想這也是當時颳起流行旋風的原因之一。我一開始想要學其他網友分享的寫法，在每一頁畫上插圖，把筆記本弄得精緻美觀。

試寫了一個多月之後，我開始意識到，我不是要用子彈筆記來繪畫的，我要的是它的「功能」。我重新檢視一次需要的功能：追蹤過去、釐清現在、設計未來，把其他所有跟這三件事情不相關的元素全部移除，捨棄了各種華而不實的格式，調整出一個符合這三項功能的極簡版面。一個好的筆記系統要很簡單，因為簡單才能持久。下面列出了去蕪存菁後，我保留下來使用的項目。

1. 十年願景與兩年封面故事

我認為「以終為始」是至關重要的心態，所以我將十年願景和兩年封面故事的練習，直接寫在筆記本的最前頁。

這個做法是用來提醒自己：我擁有一個更大的願景，必須以長期目標來驅動和引導我每年、每月乃至每天的生活，幫我勇於做夢，敢於執行。

2. 年度目標

「年度目標」是我們一年內想完成的目標。

我會根據十年願景和兩年封面故事的內容，拆解出有可能在一個年度內能夠完成的目標，然後規劃到生活當中的各種分類，以我自己的分類為例：健康、感情、家庭、紀律、工作、部落格。每個分類都圍繞著前面更遠大的目標來設定。

為了避免「新年新希望症候群」，每年立下目標卻都半途而廢，我將年度目標劃分為較小規模、各自獨立的目標。就像把馬拉松分割成數段百米短跑，這個方法在軟體開發產業稱為「衝刺」（Sprint），每完成一個階段性任務，就逐項檢討與改善，然後再展開下一次的衝刺。

我會每月、每週固定回來翻閱年度目標，檢視自己哪邊進步了、哪邊仍需加強。然後轉移到當月目標以及習慣追蹤格（Habit Tracker），持續落實到每天的生活中。

3. 未來誌

「未來誌」是安排未來每一個月的行程。

這個功能讓我們提前規劃行程、安排重要事件，並判斷未來待辦事項的重要性。我能一目了然這年度的所有重要事項，以及這些事項預計發生的時間。

4. 月誌

「月誌」是規劃未來一個月的行程。

我會先依據未來誌的規劃，在月誌的左半部寫上某個日期要執行的重要任務，然後每週日回顧一次月誌，思考下一週是否有需要新增或移除的項目。我還在月誌融合了習慣追蹤格，幫助我養成了幾乎每天做瑜伽、閱讀、寫筆記的習慣。

在月誌的右半部則是條列當月重點目標，或者把上個月的未完成事項「轉移」過來繼續執行。如果一件事情轉移了太多次都還沒被完成，它要嘛一點也不重要，不然就是自己擺爛太多次，透過筆記，我們可以進行更精準的反省。轉移事項時，要重新檢視所有的任務，刪除不必要的任務。我們最終目的是脫離人生自動駕駛模式，不再將寶貴時間浪費在沒有價值的事上，逐步刪除令人分心的事物，專注當下，更快達成我們的目標。

5. 日誌

「日誌」是規劃未來一天內的行程。

我在試用子彈筆記前期的實驗階段發現，如果我放任自己隨興書寫，日誌的項目常常會某天太多、某天太少，很難保持一致的品質和動力。我四處搜尋適合的格式，最後得到一套讓我持續用了四年的方法：每日寫下一個自我肯定、三個重點任務、三個感恩、一個檢討。

- **一個肯定：**我最常肯定自己無論天氣是雨是晴，面對生活的熱情不變。

- **三個任務：**我會安排兩個工作任務、一個私人任務。不求多，重點是確保能完成。
- **三個感恩：**讓我更專注於人際間的溝通與互助，用心觀察以前不曾注意的細節。
- **一個檢討：**回顧當天任務的完成狀態來檢討改善，為的不是苛責自己，而是讓下一次能做得更好。

日誌督促我每一天透過反省持續進步，透過微小的行為慢慢累積，朝最重要的目標邁進。

手寫子彈筆記的好處

我認為子彈筆記真正的特色，就是能幫我們達成追蹤過去、釐清現在、設計未來。

對於「過去」，每當我要撰寫日誌的當天任務時，我會先往回翻閱月誌，然後才設定符合目標方向的任務。在每月月初要撰寫新月誌時，我會先往回翻閱上個月的月誌進行檢討，然後翻閱未來誌和年度目標，再設定符合目標方向的當月任務。在撰寫新的筆記、下一個年度的年度規劃時，我會回頭翻閱前一年寫過的子彈筆記，檢視完成和未完成的項目，並且調整新一年度的目標來對齊十年願景和兩年封面故事。

對於「未來」，每當我要寫下新的目標和任務時，我可以依據過去的反省經驗，對未來的規劃做出更準確的安排。我會知道自己對於什麼事情比較擅長，容易達標，也會知道自己總是在哪些地方滑跤。所以當我在規劃未來的事情時，我的心中自然有一把衡量的尺，對事情的成功率有一個初步的判斷。也因為持續對生活進行規劃和調整，我對未來即將發生的事，也能夠做好充足的實質準備和心理準備。

對於「現在」，我們常聽到別人建議要每天自我肯定、感恩別人、反省自己，這件事情其實沒有這麼難。透過撰寫日誌的習慣，就等於每天都在做這些重要的事，不是偶爾想到才做，甚至連做都沒做過。正因為對於過去的反省和檢討，加上對於未來的規劃和準備，我們更可以心安理得地「活在當下」，專注在眼前最重要的事情。

如果已經有常用的數位筆記軟體或其他的記錄方式也很好，試著把這三個功能融入你所用的方式中。如果是手寫子彈筆記，還會額外帶來兩個好處：

- **擁有專注的個人時間：**身處數位時代的人們，經常同時間處理太多事情、注意力太過分散。手寫筆記有助於我們抽離爆炸的資訊一段時間，關閉窮忙的自動駕駛模式，專心在自己身上，檢視優先順序。

- **激發聯想創新、思考的能力，獲得新的洞見：**手寫筆記的過程讓我們放慢思考步調，讓自己最深層的意識有時間好好說話。

自主是一種生活哲學

一個擁有自主性的人生，就是擁有自己的「生活哲學」。當我們建立了每天都會執行的良好習慣（例如晨間習慣），並且採用可以幫助我們執掌生活的筆記系統（例如子彈筆記），我們對自己想要追求的夢想、想要完成的目標，就不會感到那麼恐懼。

因為我們知道每一天都能夠透過自主規劃的方式，一步一步地實踐目標。而且我們能確保自己每天小步前進，即使中途荒廢了一小段時間，也能找回原本的計畫，重新檢視和規劃之後，繼續下去。

當我們對過去、現在和未來有了充分的掌握和理解，就更能夠自主地、有意識地生活，形塑一個更完整的自己。

行動指南

1. 保留一天當中精神最好的一個小時給自己，建議能夠早上的時間最好，將這段時間視為最高優先，做最重要的事情。
2. 可以每兩個禮拜做一次實驗，在不同的時段安排自主時間，看看有沒有不同的效果。
3. 不論你想使用紙本或數位工具，現在就建立一套幫自己追蹤過去、釐清現在、設計未來的筆記系統，就能更從容地活在當下。

2 如果你對完整的子彈筆記圖文教學有興趣，可以參考我的這兩篇廣受讀者歡迎的部落格文章：

Step

7

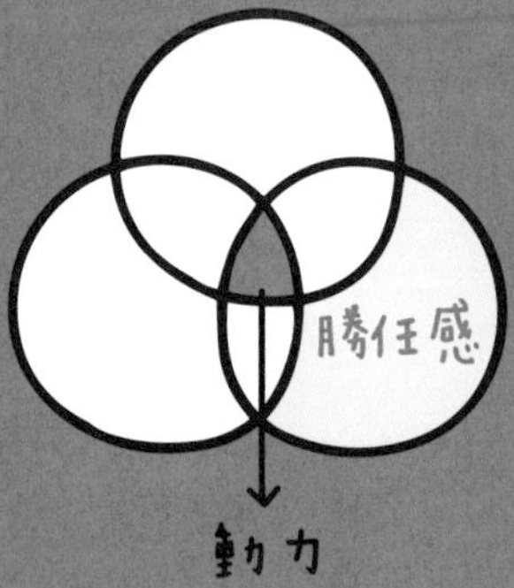

學習是種超能力

勝任感

學習不是挖掘某人潛力的方式，而是開發這種潛力的方式。

——《刻意練習》（*Peak*）作者

安德斯・艾瑞克森（Anders Ericsson）

• • • •

一生最重要的能力

很多人會擔心現在的自己，還沒有任何稱得上「專業」的領域，因此常覺得自己無法勝任，這種心態會讓我們滯足不前，覺得自己永遠不夠格。另一些人是憑藉著自己的專業，傳授和教導知識給別人，但是有一點需要注意的是，如果我們只是持續掏空自己的專業，不斷輸出卻缺乏輸入，那麼時間一久，就會發現其實只是在吃老本，反而會覺得自己愈來愈不勝任。

我們來試著思考一個問題：「一個人的一生當中，最重要的能力是什麼？」

是專業能力嗎？是溝通能力嗎？是演講能力嗎？我認為最重要的是「學習的能力」。一個掌握學習方法的人，更容易達成生活中各種領域的進步。一個人最重要的能力，是掌握如何學習，也就是「獲得能力」的能力。

當我們看見了長期要前往的目標後，往往會發現自己有許多的能力還不足夠，有很多的專業和技術尚待學習。也就是說，「現在的我們」距離「未來那個已經打造出夢幻工作的我們」之間，還存在著專業和技能上的落差，而學習就是幫我們弭平這段落差的方法，當我們精進自己，能夠戰勝眼前的挑戰時，也會同時感到樂在其中，這就是勝任的滿足感。勝任感的發生，並不是掏空我們已經知道的東西，而是在學習新東西的過程中，自然而然地浮現。

破除學習迷思

我的說書事業從無到有，一路上都是自己校長兼撞鐘，老闆兼員工（我非常樂在其中）。有很多讀者寫信問我：「瓦基，要達成你現在的程度需要會好多種技能，你原本就會這些技能嗎？你是怎麼無師自通的？我該怎麼學？該跟誰學？」

我的回答是：「我原本都不太會，是靠自主學習才逐漸學會的。」說起來很簡單，但做起來卻不容易。

像是架設部落格，原本我以為要學到很高深的程式編寫技巧，但是實際開始學、開始做，才發現不需要寫程式碼，而是利用簡單的免費套件，就可以組合出一個最基本的部落格網站。隨著每次遇到新的問題、尋找答案和解決難題的過程，一磚一瓦地建構出心目中的部落格模樣。等到能力逐漸提升，再開始嘗試更進階的做法，購買付費型的服務。回想起來，我最享受的就是從無到有的摸索過程，這種樂趣是任何學校或課程都無法提供的。

有一句話說：「領導者都是終身學習者。」學校和老師不會教我們一輩子，我們追隨的人生導師也有可能隨著時間發生改變，與其被動等待別人餵養我們資訊，主動出擊才是新時代的生存之道。

我們可能會認為，那些無師自通的「達人」，一定是有著過於常人的智商，或打從娘胎生下來就上知天文、下知地理。我們可能也想過，「自主學習」這件事聽起來很難，尤其在沒有老師的帶領下，更是難上加難。有待我們破除的學習迷思，我歸納為以下四點。

1. 天賦和智力不是必要條件

很多事情只是我們現在「還不擅長」而已，一旦掌握學習的方法，任何人幾乎都能學會任何的技能。無論我們對那一個學科和專業的天賦是高是低，只要懂得學習的方法，願意投入時間和精力，加上適當的指導和回饋，我們能精通任何領域。

2. 特定的方式不是必要條件

每個人都有適合自己的學習方式，有些人喜歡靜靜地讀文字，那就適合透過閱讀學習。有些人喜歡看動畫、影片，那可能適合看線上課程學習。當一個教材以最適合的形式呈現給學生時，學生的學習效果才會最好。沒有最好的學習媒介，只有最適合的。

3. 特定的動機不是必要條件

如果我們想等到靈光乍現的動機出現，才開始學習的話，可能會在等待中錯過很多事。重點在於擁有「自信」，相信自己有能力達成目標、克服困難，相信自己能夠學會任何一項自己真正在乎的事情。

4. 學習的時間不是必要條件

自從知名的「一萬小時理論」被麥爾坎·葛拉威爾

（Malcolm Gladwell）引用成「專精一項技能的必備時間」之後，拚命累積學習時數成了一些人的迷思。然而，想學會一項技藝，學習的「總時間」其實是次要因素，學習的「高品質」才是主要因素。先有高品質的學習，再搭配長期且持續的投入，才能發揮最大的學習成效。懂得自主學習的人，能化被動為主動，追求更有效率的學習方法，讓自己學得更好、更快。

我的夢幻工作從「學習寫作」開始

對於我的夢幻工作「傳遞閱讀的美好」而言，必須先創造內容，再把它們傳遞出去。我進一步整理之後發現，我能夠創造的內容類型，可以是部落格文章、錄製語音、製作圖像、拍攝影片，而這些內容之間又有一個共通點，它們都需要「文字稿」。

有文字稿，我就能寫出一篇部落格文章。有文字稿，我就能錄製成語音。有文字稿，我就可以抽出其中的關鍵字，製作成精美的圖像。有文字稿，我就能轉換成拍攝影片的腳本。文字，是內容創作的根本。

對身為內向者的我而言，這個發現簡直就是福音，因為我不喜歡拋頭露面，也不擅長面對鏡頭，加上影音製作無論在時間和金錢成本上，都遠高於文字。當時仍有正職工作的我，特別缺乏時間，因此選擇以文字做為出發點。

學習「寫作」這門技藝，是我所要面對的第一個最重要的課題，然而不論學習任何事物，都需要先掌握「如何學習」的能力。我如何從沒有寫作基礎開始學習，到後來可以固定產出長度和深度兼具的閱讀心得文章？

學習第一步：找到自己認可的價值

誰都有過這種經驗，就像我跑馬拉松一樣，一開始對學習新事物充滿了期待，但是過不了多久就開始提不起勁，漸漸失去興趣，最後不了了之。這反映出許多人對於學習的態度，其實是「為學而學」。

上司說這個專業有用，去學。朋友說這個技能很炫，去學。家人說這個技術以後能賺錢，去學。當我們學習的驅動力是來自於別人心中的價值，而非我們內心真正認可的價值時，就很容易半途而廢。

美國教育研究專家、《學得更好》（*Learn Better*）作者烏瑞克・鮑澤（Ulrich Boser），根據他多年來對學習的研究，下了這麼一個定論：「價值是驅動我們去學習的終極燃料。」當我們下定決心想要學好一件事情，就得先搞清楚自己「為什麼」要學這件事？學好這件事情可以用在哪裡？可以幫助到誰？可以帶來什麼樣的效益？可以創造出什麼價值？當我們知道學習這件事情的價值是什麼，就知道自己「為何而戰」。

學習動機包含利己與利他

以我自己為例，我想學習寫作的最重要價值，是為了達成「傳遞閱讀的美好」。

直到三十歲才愛上閱讀的我，發現閱讀帶給我莫大的改變，也帶給我許多思想上的衝擊，因此起心動念想透過自己棉薄之力，盡可能地把我從閱讀中體會到的美好，透過文字傳達出去。我也發現在跟朋友聊到理財、工作、學習等話題時，很容易勾起我的興趣因此滔滔不絕。有時我會想，既然我能這樣表述自己的看法和意見，也頗能引起共鳴，何不記錄下來讓更多人可以看到？更何況，若因此得到不同的意見反饋，那更是難得的收穫。所以我開始精煉從書中學到的知識，寫下自己的理解和洞察，透過我的分享讓別人也能體會到閱讀的好處。這就是利他的動機。

其次是利己的動機。無論在職場、生活上，我都期許自己成為一個值得追隨的領導人，好的領導我認為是「能夠影響多少人」。因此我選擇架設部落格，並且公開發表自己的文章，這個做法除了帶來社群的交流，得到不同的回饋與意見，也在社群上累積影響力，讓我更能保持書寫的動力。此外，每當我閱讀後有所體悟，試著藉由寫作表達出來的同時，也改變或強化了自己的觀點，整合成新的觀點。就像一次又一次的心智鍛鍊，讓我不斷成長，對思考進行更新。

釐清學習的價值與動機，就像為學習加足燃料，可以不斷驅動自己往前邁進。當我們想要學好一件事情，可以問自己：「學會這件事情，會為我周遭的人帶來什麼影響」、「我學這件事對自己的幫助是什麼」、「利他和利己兩者動機彼此相輔相成，還是彼此衝突」。

學習第二步：設定明確的目標

根據一項有趣的統計數據，有 92% 的人沒辦法完成年初時許下的「新年新希望」。還有一項研究指出，有設定具體目標的受試者中，高達 62% 的人實現目標；而沒有設定目標的那組，僅 22% 達成目標。

這個世界充滿了被遺忘的新年願望、寫到一半的書、幾乎快要完成的減重、即將開始的創業。我們要記取新年新希望的教訓，如果一心想著設定遠大又崇高的目標，或者讓人刮目相看的目標，通常很難達成目標，一旦我們設定了錯誤的目標，對學習只會帶來反效果。

制定學習目標與 Step 5 設定微型目標，有異曲同工之妙，最重要的是設定自己可以掌控的目標，也就是難度適中、可達成、有持續進展的目標。

最適合自己的，才是最好的目標

制定寫作目標之初，我並沒有硬性規定發文頻率，剛開始在 Medium 寫作平台發表文章的時候，總是有一搭沒一搭的，頻率平均是兩週一篇，而且也不太規律。當時我覺得自己寫了一陣子，卻沒有很明顯的進步。我有考慮過是否要「日更」文章，每天發表一篇比較簡短的心得，來加速學習寫作的速度。

根據實際做過的網友分享，日更的確是一件很有成就感和充滿收穫的事情，而且願意公開日更計畫且堅持下去的寫作者，往往會獲得更多讚賞和肯定。但我知道自己的文字底子還不夠好，加上科技業每天上下班時間不固定，我有預感，如果貿然定了一個這麼高難度的目標，最後很可能無疾而終。

所以我試著從比較長遠的角度來看，如果降低頻率，但是維持穩定的寫作，長期下來仍然會累積成一個很龐大的練習量。如果每天閱讀 20 頁，一年就讀了 20 本書。如果每天發表 200 字，一年就寫出 1 本書的文字量。如果每週寫 1 篇文章，一年就成為了擁有 50 篇文章的部落客。

我仔細審視內心對於目標的期待，得出了一個領悟：對強度（Intensity）的追求，是期待曇花一現的亮麗，是來自外在的讚賞和肯定；對一致性（Consistency）的追求，是期待緩慢累積的成果，是來自內在的承諾和堅信。

強度或許產生激情和動力，但唯有一致性才會產生成果。如果想達成目標，一致性遠比強度重要許多。

因此，我改變了策略，決定降低強度，改從一致性著手。堅守從《如何閱讀一本書》（*How to Read a Book*）這本書中學到最棒的一課：「唯有自律才能帶來自由。」

開始要求自己每週發表一篇 1,500 字以上的文章。即使平日工作再忙，都要抽出時間寫筆記、整理文章。如果平日來不及寫完，拖稿到週五、週六仍然要挑燈夜戰，完成對自己許下的承諾。因此我深刻體會到，保持平日的自律，才能享有假日的自由。持續發表文章，是自律；發表之後的暢快愜意，是自由。

學習第三步：從模仿和回饋中成長

模仿，是練習基本功的起手式。我剛開始學寫作的時候，對寫作只有一個「起承轉合」的粗略概念，但我知道這遠遠不夠。因此找了大量關於寫作的書籍來閱讀，向這些作者學習他們的寫作方式，直接模仿他們怎麼寫、怎麼做。

我讀《自由書寫術》(*Accidental Genius*)，設定每一天用固定的自由寫作時間，持續產出大量文字，而不用擔心文字品質。我讀《寫作，是最好的自我投資》，練習書中各種寫作框架。我讀《高產出的本事》，一次學到了十多種寫作框架，每一種都有各自的用途。我讀《九宮格寫作術》，學會無壓力的一問一答式寫作方法。我讀

《讓寫作成為自我精進的武器》，領略了萬能寫作框架，可以靈活運用到各種情境。

在這個階段，我練習的不是文筆的優美，也不是故事的精采程度，只是按照書中的教學步驟，一步一步照著做。我從不同的作者身上，學不同的寫作框架，並針對每種框架分別練習，直到熟練。漸漸地，我知道該如何重新組合讀書筆記，再用自己理解的順序去呈現，最後套用某一種框架寫出一篇完整的文章。

在模仿的過程中，我也逐漸了解到哪些框架特別實用，哪些框架較不實用，如同職人簡報培訓專家劉奕酉曾經說過：「使用框架是為了跳脫框架，發展出自我的思考脈絡。」我先透過學習框架扎穩馬步，再尋找機會發展自己的招式。

把失敗當成一場實驗

模仿一陣子後，可能會遇到停滯不前的瓶頸，要如何突破學習的瓶頸呢？就是持續做「實驗」。

學了各種框架之後，我試著採用不同的文體和架構去寫每一篇讀書筆記，再發表到部落格上。我當時抱持著一種「做實驗的心態」，觀察哪一種文體比較容易獲得讀者青睞，哪種架構獲得比較多迴響。當我發表了許多篇文章之後，自然會有熱烈迴響的文章，以及乏人問津的文章。

只是在練習過程中，難免有質疑自己能力的時候，比起反應好的文章，反應慘澹的文章更容易糾纏著我。我也曾質疑自己的寫作能力是不是一直原地踏步，困惑自己的寫作方式會不會流於死板。每一篇乏人問津的文章，就像是一個失敗的戳記蓋在我心上。

但我記得，要把每一次失敗都當成一場實驗，重要的是要從中學到東西。我把反應慘澹的文章拿給家人和朋友看，並且問他們讀完之後有什麼感想，得到許多寶貴的回饋，例如，故事性不足、文字太生硬、沒有寫到讀者在乎的事等，這些回饋讓我知道自己的不足，也讓我在下一次寫作的時候，有了調整的方向。

聽取有建設性的回饋

《刻意練習》強調一個重要觀念：「得到意見回饋是非常重要的一件事，因為這能夠幫助自己進行修正和改善。」要提升一項技能，除了大量的練習之外，還要搭配高品質的回饋。我始終很感謝對我的文章進行回饋與交流的讀者，其中有許多建議和指教都幫助我變得更好。

在質疑自己的時候，我也會試著回顧學習的價值，發現影響別人體認到閱讀帶來的好處，首要條件是別人要先看得懂我想要傳達的。我必須把文章寫得簡易好懂，而非著重華麗的文藻，或是變化豐富的文體，「別人能不能讀懂我的文章？」才是唯一有價值的衡量指標。

因此，我做實驗的重點不是看這篇文章的「成效表現」，而是檢討自己對「技能的掌握度」是否有進步。透過持續的實驗和回饋，我努力將自己的文章寫得更好讀、更好懂，如此一來才能影響到更多的人。

重點在於精通技能，而非追求表現。

一直以來，我沒有把自己的寫作定型在某一種特定的文體，反而更想要廣泛地嘗試和衝撞，探索更有趣的寫作方式。當我們透過模仿熟練技能，持續做實驗，並聽取有建設性的回饋，能力提升是自然而然的事。

學習第四步：教導別人加深記憶

科普作家安妮・墨菲・保羅（Annie Murphy Paul）在《在大腦外思考》（*The Extended Mind*）分享一個有趣的案

例。在挪威，有一項針對 24,000 名 18 至 19 歲男性的研究指出，長子的智商平均比弟弟高出 2.3 分；排名第二的弟弟，又比排名第三的弟弟高出 1.1 分。研究人員排除了幾種可能的原因，例如營養比較好、父母給予的關照程度不同等。最後發現，排名愈年長的孩子智商分數較高，是因為一個簡單的事實：哥哥會教導弟弟。

她進一步說明：「教學者為了解說內容，必須把自己不清楚的細節向對方說明白，同時也會看見自己在知識和理解上的衝突。在解說關鍵的細節時，會不自覺地動用更深層的心智工具。」

教別人就是應用知識，透過講授某一主題，提供自己對這個概念的理解，並用自己的話說明重點。教學者在輸出的意識下研讀資訊，大腦會進行更徹底地整理，在教學過程中，教學者比自學者學習到更多。

我很認同「教學相長」，尤其是接觸新概念時，若想要達到可以教別人的程度，必須讓自己有更深刻的理解才辦得到，這時候，就是提升技能的好時機。

學習第五步：與自己產生連結

最後需要將學習到的知識內化，把學習的事物與自己形成連結，成為自己的行動、觀念、態度、價值等。

我喜歡把閱讀到的所學所聞，拿來跟自身的經驗和想法做對照，閱讀的過程經常停下來問自己，「這本書跟我有什麼關係？」或者「我想從書裡學到什麼？」在寫作的過程中，我也會問自己諸如此類的問題，透過與自己產生關聯，讓寫作的內容更個人化，帶來反思與回顧的效果，偶爾還能迸出嶄新的想法。

從「別人說」變成「我認為」

過去三年多來，我在部落格上陸續分享了 200 篇讀書筆記，得到一個很有意思的體會：「整理資料會帶來精闢見解，整理讀書心得也是」。那些整理懶人包的人，想必對於主題有深刻和廣泛的了解，才能整理出懶人包。寫讀書筆記也是，寫的當下愈是千頭萬緒、難以下筆，釐清條理後寫出來的成就感愈大。或許，沒有無法評價的書，只有不知道從什麼角度切入的讀者。

一篇好的書評，會說明我從書中吸收了什麼，重點放在閱讀之後的改變，而非只有書本的內容。也就是把作者闡釋的道理，連結過去的經驗，變成從自己的角度去理解，當我可以從「作者說」變成「我認為」時，表示書中的知識已經化為我的想法與行動。

把腦中的思考脈絡畫出來

另一種建立連結的方法，是透過「視覺化」的方式呈現。舉我寫過的《與成功有約：高效能人士的七個習慣》（*The 7 Habits of Highly Effective People*）這篇閱讀筆記為例，我讀完這本書之後，其實看不太懂作者把七個習慣塞進一張圓形的圖，是表達什麼意思。

所以我重新思考，發現這些習慣對於我們個人來說，是一種「由內而外」的發展順序。同時，我聯想到當時我一直著迷於「信任」和「值得信任」的主題，跟這些習慣有很強的關聯。於是，我照著自己理解的脈絡，重新繪製一張用「信任」貫穿七個習慣的圖表。

我很習慣在一邊寫作、一邊回想的過程中，在腦海中挖掘以前讀過的書，跟目前讀的書或者寫作的內容，有什麼關聯？我會先回想那些書籍跟我在寫的東西，有什麼「相同」，再回想有什麼「差異」。透過這樣的模

圖 9　柯維強調由內而外建立七個習慣

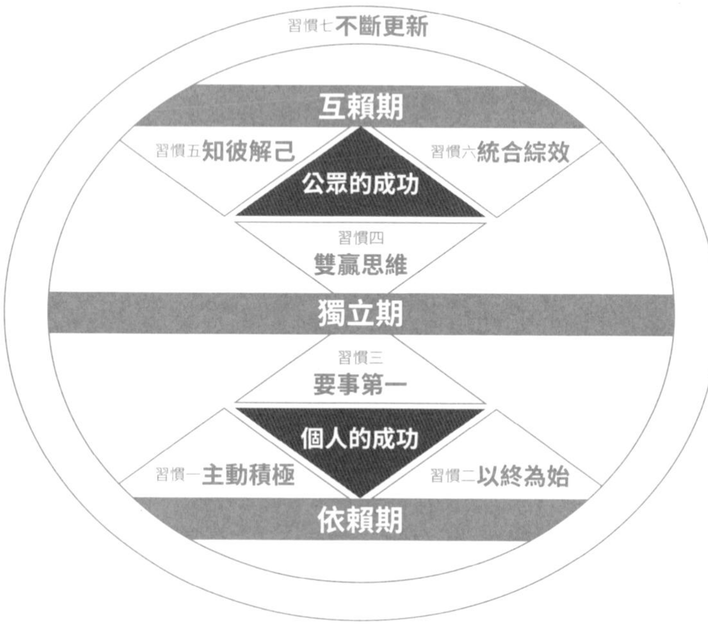

資料來源：《與成功有約》

式，建立許多觀點之間的連結，找出我感興趣的議題，進行自我辯證與論述。這樣的過程，也會改變我思考某個事實或概念的框架，形成自己的思考系統。

圖 10　瓦基用「信任」貫穿七個習慣

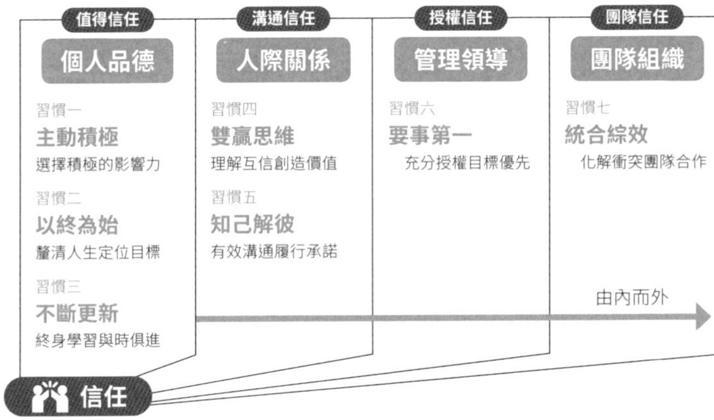

學習是為了超越昨天的自己

我期許透過閱讀增進自己對事物的理解，透過寫作則深化了我的理解，甚至產生新的洞見。這種讀、寫之間相輔相成的效果，也讓我時時處於思緒活躍的狀態。隨著我的寫作技巧持續精進，我覺得自己變得比以往更專精，也更有勝任感。所以我整合了自己學習和實踐的方法，將閱讀、筆記和寫作的這段流程，打造成後來熱銷超過 4,000 名學員報名的「化輸入為輸出」線上課程，提供給初學者一個實際又好用的知識內化方案。[3]

變得專精、變得勝任，是結果；而保持學習和持續精進，則是過程。我很喜歡的知名導演昆汀·塔倫提諾（Quentin Tarantino）隨時隨地都在看電影，有一名記者問他是如何成為電影專家，他無奈地大笑，似乎被這個問題激怒地回答：「如果你放棄了生活中所有的東西，只專注於一件事，你最好把它搞透澈一點。」從我第一篇公開發表的文章一路到現在，專注於學習一件事情，何嘗不是如此。

無數個絞盡腦汁的早晨與夜晚，努力地挖掘腦中的思緒，涉略自己原本不懂的事情，每一字一句都讓我感覺往前走了那麼一點。雖然，與許多博覽群書、下筆如有神的前輩比起來，我仍像個學徒般摸索著。

學習與澆花有著許多相似之處，一個經驗豐富的園丁在「澆花」的時候，絕對不會一口氣澆一大盆的水；他們會把分量減少，每一天只澆一點點的水。少量且持續地澆水，才會讓花朵盛開。一個經驗豐富的學習者在學習的時候，也不會一口氣吸收爆量的資訊；而是精讀少量的資訊，每一天只吸收少量重點，分散式的學習，才會記得更牢。

想要學好一件事，只需要把少量的資訊，分散到每一天學習。「持續」學習的成效，往往高於一口氣「高強度」地學習。真正重要的是，我有沒有比昨天的自己，又更進步了一些？

行動指南

1. 你有沒有一直很想學習的事物？試著想，如果你學會這項事物後，對自己和別人能夠產生什麼新的價值。
2. 剛開始時，不用一下子花大量時間，想要獲得高度的成果；學習新事物時，先規劃能讓自己保持一致性的練習策略，每天進步一點，就能累積巨大的收穫。
3. 你可以將學會的新事物，重新講述給別人聽，或是把腦中建構的脈絡，用自己的方式畫下來。

3 掃描 QR Code 免費加入「化輸入為輸出的五堂課」電子信課程。透過六封電子信，一步一步學會將「資訊」轉化為「觀點」的方法。

Step

8

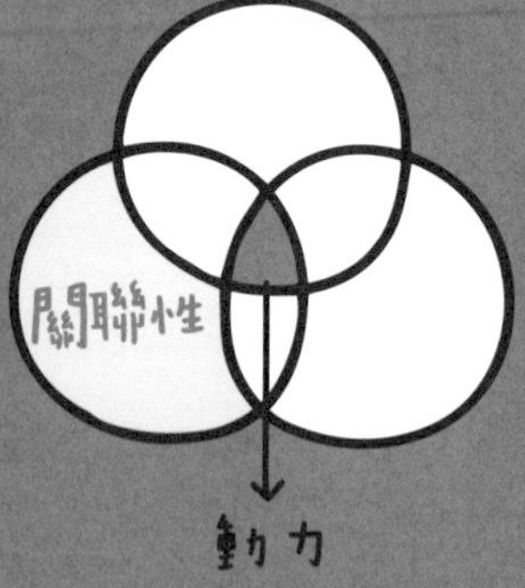

建立與世界的連結

關聯性

設定為別人服務的目標，往往會讓我們表現更好。

——高績效教練、《高成效習慣》（*High Performance Habits*）作者

布蘭登．布夏德（Brendon Burchard）

• • • •

缺少連結感，就缺乏動力

只要在職場打滾過的人，都經歷過一種低潮的情緒：早上起床的第一個念頭是，今天很不想出門上班……只是，令我不解的是，一般都是在工作不順利時浮現這種念頭，而我竟然是在表現最受青睞的時候遇到。

當時的我是一位稱職的資深工程師，因為自己的專業能力和展現出來的領導潛力，被晉升和指派成為團隊的「Leader」。所謂的 Leader，指的是在資深工程師和經理或副理管理職位之間的一個職級和角色，負責幫直屬主管指派團隊任務的細節、協調團隊內部資源的分配。除了直屬主管之外，Leader 就是團隊的第二把交椅。

但是我卻變得愈來愈不想上班，不願意面對每天起床之後，就要進公司處理團隊的任務指派、會議報告，以及以前沒遇過的各種疑難雜症。我漸漸地失去了工作的動力。

「我覺得自己在Leader的位置做得好辛苦，好像還沒適應這種上下夾擊的壓力。」我在某一次的面談中，向我的導師提問。

「你心裡面的感覺是什麼？」他面帶微笑地問我。

「好像變得過一天算一天，每天都很掙扎，只想把眼前的事情做完，然後快點下班。」

「或許，你需要的是一個具體的『Big Picture』。」

他告訴我，在他的心裡面一直都會有一個鮮明的「Big Picture」，指的是對未來畫面有一個大方向的描繪，是一種對於人生各個面向的描繪。這個畫面要和「人」有關聯，包含服務的客戶、一起打拚的同事，以及最在乎的家人。

從那時候起，我就學到了寶貴的一課：當我們建立起關聯性，就能激發強大的動力；但缺乏關聯性的地方，將會被無情地捨棄。

圖 11　放大格局想像你的「Big Picture」

如何建立關聯性？

美國國家航空暨太空總署（NASA）有一個關於清潔工的知名故事。有一次，前總統甘迺迪問一位清潔工在忙什麼，他回答：「我在協助把太空人送上月球。」這個故事告訴我們，即使是最平凡的工作，只要跟「Big Picture」產生關聯，就會讓這份工作顯得意義非凡。

以我的說書事業為例，如果我關心的只有撰寫文章、架設部落格、發表社群貼文等技術時，很容易在裡面迷失方向。我可能會過度在意文章的瀏覽數、部落格該如何設計和設定、社群貼文的按讚數多寡。這是見樹，不見林。

反而我往後退一步，去思考這件事的「Big Picture」時，我會看到不同的風貌。我會把部落格和 Podcast 當成一個書籍藏寶庫，裡面存放了很多我個人的實踐經驗和心得。這個藏寶庫可以讓曾經跟我一樣困惑的人前來尋寶，這個地方會激勵很多人透過閱讀來改變自己的生命。無論我在執行的細節遭遇哪些困難，還有哪些地方不夠完美，都無損這個藏寶庫能夠提供給別人的價值。這是見林，才見樹。

當我們擁有了自主性和勝任感之後，最後一塊拼圖，就是我們對「關聯性」的需求。我們會尋求與別人建立一種有意義的連結，體驗到對別人的歸屬感和依附感，試圖發展出緊密且高品質的連結。一旦完成這塊拼圖，就能讓我們擁有勢不可擋的動力。

與自己建立連結

常有讀者問我：「瓦基，為什麼你可以維持充足的動力，持續閱讀、寫作和說書這麼長的時間從不中斷？」我的祕訣是，專心做自己真正在乎的事情。

當我在撰寫讀書筆記的時候，我在乎自己能從中學到什麼東西，我尋找書中能夠應用到生活和工作上的重點，我會仔細回想自己的經驗跟書中內容的相異和相同之處。對我而言，撰寫和分享讀書筆記是一件非常「個人」的行為，正因為有我的所思所想摻雜在裡面，創作出來的文字才有我的靈魂。

曾經有聽眾在 Podcast「下一本讀什麼」的評論區給予一項建議，希望我盡量「不要」加入個人的想法和心得，專心講述書中重點就好。

而最有趣的事就在於，能令我一直維持寫作和說書動力的關鍵因素，正是源自於我堅持加入自己想法和心得的做法。以經營自媒體而言，如果我一開始分享讀書心得的動機，只是為了賺錢、為了獲得更高的流量，那麼我很可能會強迫自己去適應這個市場，做出盡可能廣受大眾歡迎的說書內容。**我們要打造的夢幻工作，必須先從自己出發**，建立工作與自己的連結，做起來就自然會充滿動力。

問題一：我擅長哪種「方式」？

「說書類型」一般區分成兩種形式。第一種是付費制的說書服務，例如台灣的「啾音好書」（現已改名為「耳邊說書」）或中國的「樊登讀書」。這種說書服務強調的是幫聽眾濃縮書籍精華，旨在原汁原味地傳達書中重點，盡可能不夾雜任何說書人的個人情感和看法在裡面。

在我的觀念看來，如果只是把書籍內容忠實摘錄下來，這件事有太多人可以做到，而且已經有很多人在做這類型的事。如果我只做這件事，我認為創造出來的價值偏低，也沒有獨特之處。

而另一種則是免費制的說書服務，常見於 YouTube 和 Podcast 平台上面的說書頻道。這類型節目的說書方式通常比較具有彈性，雖然仍有一些是專注於書籍內容的，但更多的是充滿主持人的風格和想法。

我選擇在讀書心得中，揉合自己經驗和想法，原因是對我自己而言，除了書籍內容，我更好奇「別人怎麼用這本書」和「別人對這本書有什麼看法」。當我將書籍內容實踐在生活當中，我會有個人化的經驗和感受。每個人對於一種觀念的看法和理解都有所不同，連結到各自的經驗之後，又會產生更多的觀點。

問題二：只有我能做這件事嗎？

打造夢幻工作，就是我們能夠做自己喜歡、擅長且能創造獨特價值的工作，而不是打造一個與自己無關、只是為了賺錢的工作。要讓夢幻工作跟自己產生強烈連結的方法，就是去思考這份工作的內容，除了我之外，還有沒有人可以做？有沒有人願意做？有沒有人做得比我好？如果都沒有，那麼這件事情就是「非我不可」。

例如我的說書，就是揉合了我個人的經驗和想法的說書內容，就等於，這是只有「我」這樣一個身分、歷練、背景的人才可以呈現的。我在半導體業界的十年工作經驗、三十歲前不喜歡讀課外書、想要斜槓經營自媒體等多重條件，融合出一個獨特的人物樣貌，基於這個樣貌而產生出來的作品，就很難被取代，也很難見到類似的競爭者。

人生和做生意很像，最好是找出自己的藍海，避開競爭的漩渦。當我們採取的是不競爭，而是創造與眾不同的價值時，才不會跟別人做一樣的事情，也不容易被拿來比較，就像我說書的動力，是為了發掘自己跟書本內容獨一無二的關聯性。最高的競爭力，其實是根本不需要競爭。

我相信能幫助我的，一定也能幫助到其他有需要的人，因此我選擇了自己在乎的事成為工作。我在乎透過閱讀不斷改變、能力獲得成長，在生活和工作上都持續精進。當我做著自己喜歡的事情，又收到也同樣在乎這件事情的人給我回饋，總是讓我充滿活力和動力。後來我得出結論：重視那些我們「做自己」時，自然而然靠近我們的人；而不是服務那些我們必須「改變自己」，才能討好的人。

建立這種心態，我們在執行工作內容時，就是為了自己而做，也等於為了自己在乎的人而做。只有我們先照顧好自己，才能夠照顧好顧客。

與顧客建立連結

《紐約時報》(*The New York Times*)曾經刊登過一篇文章，報導一場名為「操作員挑戰賽」的賽事，也被稱為「汙泥奧運」。參賽者們都是在紐約從事汙水處理的勞工，他們在競賽當中熱情地展現自己的工作技能。有人快速鋸開一根 PVC 管，更換和密封下水道的料件避免汙水溢出；有人將自己垂降到一個汙水孔裡，試圖救回一個代表失去意識同伴的假人。

「他們是沒有人看得見的人。」紐約市環保局長談到這批參賽者時說：「這是一份辛苦的工作，且通常是不怎麼愉快的工作。但他們的表現真是太棒了。」這些參賽者以專業的能力和絕佳的熱情，擄獲了在場觀眾的心。有一位參賽者受訪時提到，雖然他小時候的夢想是成為一名消防員，但他並不後悔自己最終從事了不同的工作。「只要能服務大眾，我就心滿意足了，」他開心地說道，並且調侃了一句：「只是消防員占據了所有的新聞版面。」

這讓我感到十分納悶：為什麼有些人享有高薪和舒適的工作環境，卻感到內心無比的空虛？但有些人卻可以在紐約市的下水道工作，並感到滿足？

當我在撰寫讀書心得時，除了方便自己日後回顧之外，心裡想的另外一個對象是寫給「過去的自己看」。過去那個年輕的我，還沒接觸這本書，還不懂這套知識，還沒體會過這些經驗。我認為自己的狀況不是特例，一定有更多的讀者朋友正在經歷類似的心境，正遭遇類似的困難。

這份起心動念，幫助我每當文思枯竭寫不出東西的時候，我會讓自己先放鬆一下，心想這篇文章能幫到的不只是一個我，而是很多、很多相似境遇的讀者。每當這麼思考過後，我又會獲得充足的動力，重新提筆奮鬥。

所以我很明白，我絕對不能以「專家」的身分自居，專家往往有些盲點，不知道初學者會遇到什麼困難。我必須從一個業餘愛好者的角度出發，分享與每個人一樣從零開始學習的過程，有哪些收穫和改變，才能讓他們對我的分享產生共鳴，而我也才能與讀者建立起連結。

連結帶來力量

因為我和我的讀者們站在一起，一起面對未知的領域，一起成長學習，讓我充滿對新知的好奇心，也讓我保持分享的動力。

有一位名叫柔清的香港讀者寫 Email 給我，描述她獲得的幫助和感觸，以下節錄其中一段來信內容：

我原本就是一個愛學習，也是持續學習的人，由於早早十五歲出來工作，晚上上夜校，學歷在香港只是中五程度，過去沒有學會很好學習的技巧，學習效益不高，也看了不少有關如何提升學習力的書及文章，但是都不得其法，可能跟自己笨，懶得做筆記也是有關的吧！但是看了您的「化輸入為輸出」線上課程，教的方法很落地，實操性強，讓我充滿了希望。[4]

我也是很喜歡聽「樊登讀書」，也很渴望像他一樣記憶力那麼好，那麼會講書，希望有一天成為他的樣子。但是自從聽了您在「下一本讀什麼」節目上講的書，我感覺收穫更大，因為您的分享更切合我的需要，同時能夠感受到您的真誠。

您的文筆中處處透出您的慈悲，而且讓我更感動的是您說書是免費的，用實際行動在做著自己熱愛，有意義及給人帶來價值的事情，您是一個知行合一的人，讓我這十天來天天聽您說書，也講給家人聽，未來我也會與朋友分享。

當時我讀完這段文字之後，整個人感到頭皮發麻、臉頰發熱，腦中瞬間出現一個念頭：「這就是我人生的獨特意義。」隨著我持續收到數以千計的讀者回饋，我知道自己和世界建立起了令我感到無比滿足的連結。

成功的終極檢驗，並不是我們擁有多少獎牌、頭銜和成就。而是我們以自己「成為什麼樣的人」為榮，是我們為了一個群體貢獻自己的才能、精力和時間，是我們和這世界建立的連結。

「成就」彰顯的是能力證明；「關係」展現的是人生的意義。

華頓商學院心理學教授亞當．格蘭特（Adam Grant）認為：「如果傑出是你做過的事，那麼品格就是你為別人所做的事。」或許，一個人的成就和品格，本來就能同時並存，還能夠相輔相成。

行動指南

1. 花一段時間來想像你做某件事的「Big Picture」。心中有「林」，就能激發強大的動力。
2. 你在乎的事情是什麼？評估你做這件事是否具有價值、是否具備難以取代的獨特性。
3. 你可以重視那些當你「做自己」時，自然而然靠近你的人；不用在意那些你必須「改變自己」，才能討好的人。

4 若想完整了解「化輸入為輸出」線上課程，可掃描下方QR Code。

Part 4

啟程後的循環式優化

—— 回顧與檢討

在某一次跟大學同學的聚餐當中，大家聊到了最近工作的狀況。輪到我分享的時候，我說自己正在考慮轉換跑道，考慮將說書事業當成我接下來的重心。大家問了我許多關於金錢收入的現實面問題，以及聽我拆解未來的商業模式。其中一位同學聽得非常入迷，他隨口說出：「你真的把說書這件事做得有聲有色，以前還看不出來你有這種天賦耶！可以靠興趣賺錢真的很令人羨慕呢！」我謙虛地笑了笑，當下還沉浸在此起彼落的吹捧和粉紅泡泡當中。

直到後來回想當天那段話，我才逐漸明白一件事。

我並不是打從一開始就知道自己擁有能夠做好這項事業的天賦，也不是從第一天就期待能從這項興趣賺到多少錢。而是我知道「傳遞閱讀的美好」是一件值得去做的事，是一件分享我的幸運給更多的人的事。我把它當成我下班之後的另一份「工作」，我可以去做、我必須去做、我樂於去做，我是把它當成我畢生的職志在做。

當我摸索出了第一版的商業模式圖，決定自費架設網站的那一刻起，我就是用工作的態度在執行這件事，而不是可有可無的隨意嘗試。

這就是我想要透過這章傳達的重點，我們不能只把

「打造夢幻工作」當成一個普普通通的「個人目標」，而是要用「工作」時那種勢在必行的態度去執行。

「工作」的本身內建了持續性，如果我們不準時上班，不準時把工作完成，就無法拿到薪水。所以我們乖乖地做事情，不管自己到底有沒有興趣或天賦，就是想辦法把事情做得好、做得快。就算我們無法把一項工作做到完美，還是得硬著頭皮去試著完成。有趣的是，工作內建的持續性，讓我們愈來愈精通某一件事情，即使我們認為自己沒有什麼天賦。

可是我們面對「個人目標」卻往往缺乏持續性，如果我們不去做它，如果我們允許自己偷懶，沒有人會跳出來指著我們鼻子痛罵。儘管沒有達成個人目標，我們也會想出一堆聰明的藉口安慰自己，像是「我就是對這件事情沒天賦」，或是「我對這件事情的興趣可能還不夠強烈」。反正每一年的新年新希望都失敗這麼多次了，因此我們允許自己用藉口來拖延，我們覺得個人目標只是錦上添花。

真相是，缺乏天賦是一種藉口，安慰自己沒興趣了也是一種藉口；而持續性沒有藉口，工作也沒有藉口。我們從來都不缺藉口，而是缺乏持續。

我們能不能做好一件事情，跟天賦和興趣的關係微乎其微。

沒有人第一天工作就是職場好手。大家都是要透過日積月累的磨練，在過程當中持續優化，懂得放棄不重要的事，專心在能發揮優勢的事情上，才能變成一位愈來愈出色的職場工作者。把同樣的道理應用到我們自己身上，不也是如此嗎？

我們必須先克服「完美主義」，開始進行自己的第一項工作任務，再不堪也好，再笨拙也罷，有做才有成長，有做才有收穫。原本不擅長的事情，我們也能夠一回生二回熟，從行動的過程當中變得愈來愈好。

另外，人們常說人生就像一場「馬拉松」，要保持節奏並且持之以恆。我認為這句話只說對了一半，後面的那一半。在某些時刻，衝刺是必要的，但在一開始的時候，我們必須先透過「短程衝刺」來建立起步的動能，踏出突破性的一步，讓成長的飛輪先轉動起來，我們後續的步伐才會愈來愈順。

接著，就可以切換到馬拉松模式。為了能在人生這場馬拉松中跑得又遠又久，我們得認知到「保持紀律」的重要性，並且設定正確的心態，讓自己成為一個享受紀律的人，而不是被紀律所逼的人。只有當我們把想達成的目標，用像工作時一樣紀律地執行，才會獲得更多的改善和成效。

最後，無論我們採取行動時有多麼賣力、多麼專注，也不能只埋著頭苦做，而是需要邊做、邊看、邊修正。如同在工作上常見的定期檢討會議，我們要掌握「回頭檢視」和「做實驗」的方法，透過定期和有效的檢查方式，去找出應該繼續進行，或應該拒絕與放棄的事。

接下來，我將分享的是我規劃好目標，並為自己找到內在動力後，如何在行動中不斷檢視、調整的成長心態和優化方法。避免我們做到一半，才發現自己掉入了「方向不對，努力白費」的窘境。

Step

9

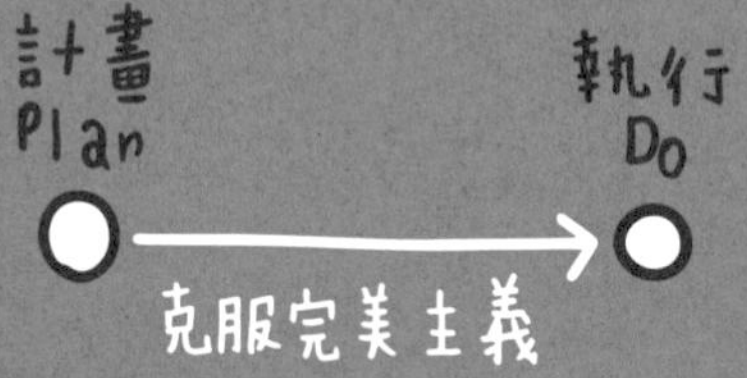

開始行動起手式

克服完美主義

多數人花了大半輩子想像與做夢。開始做很有趣，但未來是屬於完成者的。

——《紐約時報》暢銷作家　喬恩．阿考夫（Jon Acuff）

• • • •

《紐約時報》暢銷作家喬恩．阿考夫曾經創辦了一個「三十天目標速成」的線上挑戰課程，邀請廣大的網友一起參加這項挑戰。他把網友們進行挑戰時遇到的困難和挫折都記錄下來，他也從實際案例當中發現了許多人之所以遲遲不採取行動，或者半途而廢的原因。

他發現「完美主義」常常是阻礙人們向前奔跑的最大障礙。

喜歡扯後腿的完美主義

像是我在思考自己的職涯時，也曾經想像過要成為某個職場領域的「專業導師」，以教導別人具體的專業技術維生，在過程當中持續累積自己的名望和經驗。但是我從來不曾跨出這一步，因為在採取行動之前，我已經感到膽怯，覺得自己不夠專業、不夠資格。

但，一切都只是完美主義從中作梗。

想要教別人工作技能，卻開始懷疑自己資歷不足。想要教別人撰寫程式，卻開始質疑自己的經驗不夠。想要教別人繪畫，卻開始擔心自己的技巧還不純熟……我被心目中那個完美的「專家形象」，嚇得不敢前進。

我們常常希望自己先變得足夠好，才有這個資格去教別人，否則就會引來許多批評和不滿。而事實上，完美主義導致**我們對自己的自我批判，遠比別人對我們的批評來得多太多**。

後來我才逐漸找到方法，破解自己的完美主義，開始嘗試一些原本想都不敢想的事情。每當有讀者或聽眾向我提問，該如何克服完美主義、開始行動？我總是喜歡舉自己的例子告訴大家，我是如何開始一個跟我的專業領域八竿子打不著的事業——錄製 Podcast 說書頻道。

如何克服完美主義？

三年前，如果有人告訴我：「瓦基，未來你會成為一位作家和 Podcaster。」我一定覺得他是在跟我開玩笑，要不然就是在挖苦我。

我在心裡咕噥，我哪有什麼寫作能力，還不就是在工作上寫 Email、做 PowerPoint 簡報？我上一次寫超過一千個字的文章，應該要追溯到寫碩士班論文的時候了。更何況，我從小就不喜歡聽自己的聲音，在小學第一次跟朋友用錄音機錄下自己的聲音，之後回放收聽的時候，我巴不得找一個洞直接鑽下去。

把文字和聲音當成我的工作？拜託，饒了我吧！但有意思的是，生命的轉變總是發生在不經意的轉角處。

只要開始去做

踏入職場一段時間的我，因為想學投資理財和領導管理，開始閱讀許多商管書籍，為了加深自己閱讀之後的理解和記憶，我發現自己必須認真看待閱讀這件事。在我學習閱讀的過程中，被《如何閱讀一本書》書中的一句話深深刺中：「一個人如果說他知道他在想些什麼，卻說不出來，通常是他其實並不知道自己在想些什麼。」我當時覺得自己讀完一本書之後，經過一兩週試圖再回想時，常常發現整個腦袋空空，幾乎忘了讀過什麼。我感到很納悶，為什麼我明明讀懂了，可是卻回想不起來，也不曉得要怎麼跟別人說我讀了什麼？我是不是該「寫」下來，試著做讀書筆記？

結果，我原本只是建立閱讀習慣，反而促使我開始「寫作」，尤其是寫下自己閱讀之後的讀書筆記，以及因為閱讀的刺激而衍生出來的個人觀點。一開始我試著寫一段讀書筆記，覺得對自己還頗有幫助，就愈寫愈起勁。

我下定決心要克服我的完美主義，便把一段段的筆記整理成完整文章，鼓起勇氣發表了第一篇讀書筆記到 Medium 上。當時我覺得很害羞，也不敢跟朋友和家人說，只是覺得自己做了一件很「炫」的事情，除了工作之外，我也是發表過一篇文章的部落客呢！

我反覆讀著第一篇公開發表的文章，心裡想著：「雖然離我心中完美的文字還有一大段距離……大概就像是天與地的距離那麼遠。但是，好像也沒有那麼糟嘛，對吧！？」

面對亟需解決的問題，不完美也沒關係

2020 年 8 月，在我持續發表讀書心得的一年半後，我的母親在一次電話中向我訴苦：「你每個禮拜發表一篇文章，我真的很想讀，可是我都沒時間讀完。你會不會發表得太頻繁了？其他讀者有時間看嗎？」

「那是因為你都在滑 Line 和 Facebook 吧……一個禮拜難道連五分鐘讀一篇文章的時間，都沒有嗎？」這是我第一時間的反射性回答。

「可是你的文章很長，我都要讀十幾分鐘才讀得完。有時候讀到一半被別的事情打斷，我就找不到那個網頁了啊……」

掛掉那通電話之後，我才靜下心來思考，或許她的問題並不是例外？如果她沒辦法一口氣讀完，那一定也有讀者沒辦法在一週內讀完一篇文章。那如果根本不用讀，而是用「聽」的會怎麼樣？ Podcast 這個關鍵字重新浮上我的心頭。

跟母親的一番對話，促使我開始重新正視這個選項。我開始試探性地向身旁親友提出一些問題，想了解為什麼大家不容易讀完一篇長文。是我把文章寫得太長

嗎？寫得不夠吸引人嗎？還是排版跟格式不夠美觀呢？

我所得到的答案令我十分吃驚。有些親友告訴我，滑手機滑久了眼睛會乾澀，不喜歡用手機看文章。有些親友說，平常就沒有閱讀網路文章的習慣。有些親友吸收新知習慣從聽廣播、看 YouTube 而來，比較不常閱讀文字。我識別出了問題背後的真因，問題不在於內容本身，而是傳遞內容的「媒介」。

我接著問他們，如果我把讀書心得用說的方式錄製成 Podcast 節目，會有人想聽嗎？他們說：「或許會吧，我就會想聽聽看！」（他們人真的很好）

後來，我又受到阿考夫的一番話影響：「舞台上空無一人，麥克風安靜無聲，評審椅不會轉過來，因為沒有人在歌唱。」如果我不嘗試看看，怎麼知道評審怎麼說呢？

因此我廣泛研究了市面上發表讀書心得的部落客、YouTuber，以及許多付費聽說書的服務，試著去比較各種傳遞方式的優缺點，以及它們未來的成長性。在蒐集資訊的過程中，我發現 Podcast 的說書節目是一塊空缺的領域，所以又進一步了解 Podcast 的特性：通勤時候聽、做家事的時候聽、運動的時候聽。簡單來說，Podcast 能幫助人善用零碎時間，且不需要使用眼睛，就可以聽到新的資訊或知識。

Bingo！這正是解決「沒有時間閱讀文章」的解方。

我開始興奮地在網路上尋找許多「如何開始 Podcast」的教學文章和影片，試著寫出錄製節目的計畫，整理出來大概有一百條待辦事項。然而，自我懷疑的念頭又跑來我腦中揮之不去。我知道這些都只是「完美主義」在作祟，而我必須破解完美主義的謊言。

破解第一招：我本來就不完美

為什麼我前面說「重新」思考做 Podcast 呢？因為我曾經花一秒鐘的時間放棄過它。

從 2020 年的 2 月開始，因為疫情爆發和聲音經濟趁勢興起，原本在台灣幾乎沒什麼人在聽的 Podcast，開始進入大家的生活，熱門頻道像是「股癌」、「吳淡如人生實用商學院」等，獲得了廣大的聽眾支持，這一年被媒體和業界譽為「台灣 Podcast 元年」。

當年我跟大家一樣被這類新聞轟炸，而在我眼中的 Podcast 好像就是廣播電台的網路版，認為只有口條好、有廣播經驗、能言善道的人，才適合做 Podcast。我當時自問，要不要嘗試做 Podcast，內心馬上冒出各種聲音：

「連我都不喜歡自己的聲音，會有人喜歡聽嗎？」

「我的個性偏內向，無法炒熱氣氛，一定會很吃虧。」

「還得學會錄音、剪輯、後製，還要買設備……」

「我根本不是一個廣播人的料，完全不可能。」

內心的小劇場才上演不到幾秒鐘，做 Podcast 的想法就馬上被我否決了。雖然看著愈來愈多頻道大紅大紫，但我內心的聲音一直阻止我嘗試。

這些應該要成為「廣播人」的想像，讓我一直沒辦法開始錄 Podcast。直到我虛心臣服，告訴自己：「我本來就不完美，本來就沒有人是完美的。」才開始接受自己沒辦法達成心目中 100 分的樣子，但這不代表違背了自己對目標的承諾，而是一旦開始做，就會讓我離目標更近一點。

我們太容易掉入完美主義的陷阱，認為如果沒有做到 100 分，就像是自己沒有達到目標一樣，但是事情往往不是這樣。我們必須知道一個事實，任何的進展都會促使我們朝目標更近一步，不完美地前進，總比完全不跨出去來得好。

丟掉綁手綁腳的完美主義，儘管事情不完美也沒有關係。

破解第二招：下修標準與目標

我的第二道完美主義關卡，是錄音品質的要求。由於我沒學過樂器，也沒有錄影和錄音經驗，對錄音器材非常陌生。我上網做足了功課後，反而令我更困惑，琳琅滿目的選項，讓我不知道該從何下手。「要用就用最好的」、「專家就是用這個」這些網路建議，在我腦中激烈交戰。

我甚至想過要弄一個 Studio 等級的錄音工作室，讓自己沒有藉口不開始錄音，還可以避免任何關於錄音品質的批評。嗯，又一次地，完美主義作祟，專業的錄音室才不是錄 Podcast 的重點！

其實我們時常高估了自己的能力，制定了太高的目標，卻給予自己太少的時間和資源。如果我們在一開始就把餅畫得太大，等於是在詛咒自己無法達成目標。重點在於，**不要把目標設定得太大而導致放棄，而是把目標砍半並「完成」**。

最後我改變了想法，用原訂四分之一的預算，購買了一支品質中等、堪用的麥克風。然後我在書房的四周擺放許多可吸音的抱枕和書籍，盡量減少環境的回音。我告訴自己，品質不必完美，但是我必須先開始才行。

破解第三招：放棄不必要的事

接著我又問自己，那如果節目的內容不夠好呢？第三道關卡是我對於內容和性質的設定。我觀察許多受歡迎的 Podcast，發現「訪談節目」的類型最受歡迎，特別是兩、三個人的對談，容易擦出火花、引爆笑點。受歡迎的「個人節目」則需要有很強的個人風格，例如很酸、很搞笑、很溫馨。我把這些元素全部記錄下來變成一串清單，覺得自己必須符合全部的項目，才算得上稱職的製作人。

但我愈是想要達成心目中想要的節目類型，就愈感覺力不從心，在短時間內，我不可能擁有那些資源，也不可能變成那種特質的人。後來才發現，我太執著於那些自己「沒有」的特質或資源，卻忘了回頭想想自己「有」的是什麼。

就像是我剛踏入職場時，曾經感到很痛苦，因為我看著自己待辦清單上密密麻麻的任務，卻有許多事情沒有完成，就會開始怪罪自己，為什麼不能「全部搞定」？我們似乎很難接受「要做好一件事，就必須犧牲另一件事」的觀念。而面對這種情況，我們可以選擇兩種策略：

1. 試著做超過自己能力可以應付的事，然後失敗。
2. 選擇放棄某些事情，集中火力完成重要的目標。

完美主義和愧疚感要我們選擇第一種策略，但是我們真正該選的是第二種策略。我們必須接受自己的不完美、接受可能被砍半的目標、接受某些目標應該被狠狠捨棄，然後去完成那些少數且重要的目標。我們必須承認，自己本來就不可能完成「所有」的事情。

當我把待辦清單做了一輪刪去法，放棄那些自己還沒有的東西，我發現自己有的其實很簡單：對書本的熱愛、我會說話。我不必說得像別人這麼嗆辣、搞笑或學富五車，我只要用自己平常說話的方式說出來就可以了。

破解第四招：做得開心就好

終於破關斬將來到了最後一關，這次我遇上錄音剪接的關卡。錄音後的剪輯技巧非常關鍵，例如，剪掉贅字、剪掉不理想的段落、加上配樂、加上音效、濾掉雜訊等，這些專業的技術搞得我頭昏眼花。

對於一個完美的節目而言，優秀的剪輯當然不可少。但是我知道，自己對後製剪接沒有太大的興趣，真正讓我覺得有樂趣的，終究是「閱讀、寫心得、分享」。於是，我允許自己用幼稚園程度的剪輯技巧，搭配一些不需要這麼仰賴後製的內容和環境，開始了第一次的正式錄音。

錄音完成後，對於音檔的後製處理，我也盡可能簡化。除了加上開頭的片頭短曲之外，我打消了在中間用音樂串場的念頭，也取消了片尾曲的製作與剪接。剔除那些帶給我過多壓力的元素，剩下的就是我喜歡的說書內容本身。

接受第一次作品可能會「不完美」的事實後，我開始能夠用輕鬆的口吻，就像跟朋友聊天，分享我所看過的書。最後，我把原本腦中要成為專業的錄音剪輯者，轉變成一個樂於分享的說書人。從此之後，錄音對我而言，變成了一個愛書人的分享時光，而有趣的是，當我在做好玩又有趣的事情時，常常忘了時間流逝，也開始感受到熱情。

兩個禮拜後，我終於正式發表 Podcast「下一本讀什麼」的第一集，開始每個禮拜介紹兩本書。[5] 重點不是我們受了多少苦，而是達成目標的過程，給了我們多少樂趣，讓我們願意堅持下去。

熱情是行動之後的產物

直到我發布了第 100 集 Podcast 特別節目，談我從台積電離職的肺腑之言，引起了廣大的關注和媒體的報導。有一位很久沒聯繫的大學同窗私訊我說：「以前看不出來你喜歡說話，完全想不到你對 Podcast 有這麼大的熱情，一做就是一百集！恭喜！」

向他道謝之後，我心中感悟：**其實我也不是一開始就這麼有熱情，而是在邊做邊學的過程中，才燃起了更多的熱情**。頂多只是一種「試試看」和「對別人可能有幫助」的心態，讓我採取了第一步行動，然後第二步、第三步……。直到做了好長一段時間之後，我才能夠斬釘截鐵地確信，我對這件事情真的充滿熱情。

在持續行動的過程當中，我開始收到世界各地的聽眾給予我的回饋。有的聽眾告訴我：「Podcast 節目跟部落格文章是完美的互補。」原本只會收看「閱讀前哨站」的讀者，在得知我推出了 Podcast「下一本讀什麼」說書節目後，他說自己「會先收聽 Podcast 當做預習，再用部落格文章來幫自己複習。」另外還有聽眾留言說：「眼睛的視力大不如前，看文字太久會眼睛乾澀，能夠用聽的吸收知識是很棒的方法。」

在我推出 Podcast 節目之前，根本沒想過「眼睛不好的讀者」會遇到什麼困擾，長篇的文章是很好的內容，但是有人因為眼睛狀態而讀不完的話，仍然是很可惜的事情。原來，我只要透過聲音的傳遞方式，就可以輕鬆地幫助到他們。

還有愈來愈多聽眾提到：「喜歡瓦基溫柔和沉穩的聲音，聽說書不但獲得了心靈的慰藉，還可以幫助我度過心情的低潮。」我原先很擔心聽眾不喜歡我的聲音，但是隨著節目持續推出，每週兩次的鍛鍊，我對聲音的掌控度漸漸提高，開始收到聽眾對我聲音的肯定。

我曾經以為說書節目，就是要提供充足的「知識點」，但是這些回饋，反而讓我知道說書竟然還有撫慰人心的療效。正是因為我先採取了行動，才能夠獲得這些隨之而來的回饋，此外也刷新了我的舊觀念，給予我更多元的動力。倘若我不開始行動，這一切都不會發生。

就像是中世紀波斯詩人魯米（Rumi）所說的：「當你開始踏上路途，路就會自己展現。」是因為先採取了行動，才會遇到意料之外的熱情。這種熱情，才會燒得又旺又久。

當一個「有用的人」

如果我們想要完成目標、採取行動，最重要第一步就是擺脫完美主義——把目標砍半、放棄不必要又會造成壓力的事情、讓過程變得有趣。

此外，在發展說書事業的過程當中，我發現了一個克服完美主義的絕佳武器，那就是，**與其追求完美，不如追求實用性**。

我不必是完美說書人，但我的內容對後進者很實用。我不必是完美職場教練，但我的經驗對後進者很實用。我不必是厲害的繪畫老師，但我的技法對後進者很實用。

就像我的 Podcast 節目在一開始是很粗糙稚嫩的，可是我極力講求節目內容的實用性，也就是我分享的這本書對我有哪些幫助？我從中學到了什麼？我應用和實踐了什麼？這本書對聽眾的潛在用途是什麼？

實用性是完美的剋星。當觀眾覺得這個內容「有用」、「有幫助」，至少就能吸引到接受這個品質，也想汲取其中用處的觀眾。基於這個心態，「提升品質」就成了行動過程當中的加分題，而非必選題，也不再是阻擋我們前進的絆腳石。

加拿大民謠詩人歌手李歐納．柯恩（Leonard Cohen）的一句詩詞非常有名：「萬物皆有裂痕，那是光照進來的地方。」天底下從來就沒有十全十美的人事物。有裂縫，才看得見陽光；有缺陷，才有進步和改善的成長光芒。不完美，才是真的美。

完美主義要我們當一個「完美的人」，但我們千萬不要聽。要成為完美的人，會耗費我們大量的精力用來彌補和掩飾自己的缺點，在這樣的過程中，我們的缺點令自己感到芒刺在背，反而沒有把心力集中在發揮自己的優勢。

當一個「有用的人」，我們會把大部分的精力都用在為別人創造價值，在這個過程中，我們的優點令自己活力充沛，反而不會耗費心思去理睬那些不重要的缺點。

我們的價值來自於對世界提供了哪些幫助。

如果一個人的辛苦努力，僅是讓自己變得更完美，而不是對這個世界產生價值，那麼這種完美，也毫無意義可言。

關鍵心法

1. 「完成」比「完美」重要。你可以把目標砍半、放棄不必要又會造成壓力的事情、設計讓過程變得有趣的方式。
2. 你必須先開始動手做，才會有新的體悟、收到新的回饋、發現新的問題。一開始的熱情只是一時的激情，隨著行動而來的，才是真的熱情。
3. 與其追求完美，不如追求實用性。你提供給別人的服務、販售給別人的產品，是為了讓對方覺得實用、能做出改變、能解決問題。

5 瓦基創立的 Podcast 說書節目「下一本讀什麼」，掃描 QR Code 就能在 30 分鐘內吸收一本好書精華與心得摘要。

Step

10

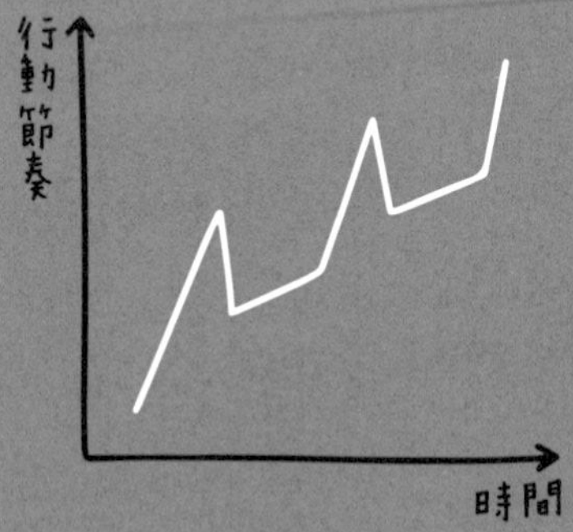

行動中的配速法

先衝刺再穩定

懦夫從不啟程，弱者死於路中，只剩我們前行，一步都不能停。

——Nike 創辦人　菲爾・奈特（Philip Knight）

• • • •

用「短程衝刺」啟動行動

有話說：「人生就像一場馬拉松，而不是百米衝刺。」這句話聽起來很撫慰人心，也很有道理，可是我認為只說對了一半。

在某些階段，衝刺是必須的。

跑過馬拉松的人可能會發現，起跑時很容易跟著現場很 High 的氣氛，不小心加速衝刺，通常如果前半段沒有忍下來，將前進速度維持在預定範圍內，後段可能就會筋疲力盡。而我覺得，人生的馬拉松正好相反，前半段需要先衝刺，踏出突破性的第一步，建立初始的動能，才能讓後續的行動更順利。

正所謂「萬事起頭難」，就如同我們小時候都學過的「摩擦力」物理現象。如果要推動一個放置在桌上的物體，必須先施加「最大靜摩擦力」，才能讓原本靜止的物體開始滑動。當這個物體開始滑動的時候，它承受的就只剩下「動摩擦力」，而動摩擦力往往比最大靜摩擦力來得低。

起跑的衝刺，就是為了突破最大靜摩擦力，當事情開始滾動之後，我們只需要比較小的動摩擦力，就能讓事情持續前進。

先達到「有效運動心率」

個人品牌教練于為暢也提過一個概念，人生的成功是靠「密集的努力」，而不是「分散的努力」，並舉了一個生動的例子說明。如果我們想要「有效」運動，就必須把自己搞得夠喘（也就是心跳夠快）。如果我們只是按照平常走路的速度，縱使一週走路五次，每次走五個小時，那都是在浪費時間而已！走得愈久，浪費愈多時間！因為運動講求的是「有效運動心率」。

醫生給一般人的運動建議是：每週規律運動三次、

每次至少二十分鐘、運動時的心跳率應達最大心跳率的60% 以上（大約是一分鐘心跳 130 至 150 下），稍微流點汗，有點喘又不會太喘。

于為暢認為，如果一個人想要獲得事業上的成功，就必須在某一段時間內，讓自己「過分地努力」，比平常的努力要高出許多。在這段時間內，集中精神、火力、知識，以及所有的資源，在應該專注的項目上。這段時間大約是三到五年，在這期間，我們必須專心一志地工作，讓自己有點喘、有點累，確保達到「有效運動心率」。然後，我們就可以稍微休息一下，從極端忙碌的狀態，或巨大的工作量，回復到正常的工作時間和工作量。

他給出三點建議：

1. 在「成功」的面前，用「正常配速」過每一天，根本是浪費時間。
2. 在一段時間內，逼自己跑起來，進入「有效」運動的模式。
3. 當我們停止後，若還沒「有效爆發」，休息一下，再衝刺一次。

當然，並不是要我們把身體搞壞、家庭失和，或是弄得自己狼狽不堪，而是要在人生這場馬拉松裡懂得

「配速」，尋找適合的時機，或有潛力的突破點，進行短暫的衝刺，讓投注的努力發揮最大的效果。

光是行動還不夠，重點是我們是否達到了行動的有效運動心率。接下來，我分享自己在打造夢幻工作時採用的「配速策略」。

配速策略一：劃定衝刺時間

當我克服了完美主義的謊言，決定開始錄製 Podcast 說書節目時，我在心中盤算著一個很特別的配速策略。

當時大部分的 Podcast 節目是「一週更新一次」，而各大平台上的知識類和說書類節目也是採取週更的模式。我認為若要在這個領域嶄露頭角，必須做點不一樣的嘗試，如果我「每週更新兩次」如何？

回到現實面，有礙於我當時還在台積電的正職身分，要在所剩不多的私人時間內，每週寫出一篇讀書心得就已經很不容易，更何況要每週更新兩次？我想起自己已經擁有的資源：我已經經營部落格一年半的時間，累積超過 70 篇讀書心得，這些文章都尚未透過音頻的方式發表過。

我暗自盤算接下來短期衝刺，可以一週發布兩次 Podcast，一次發表新的讀書心得，另一次則採用舊的讀書心得。接著我進一步規劃，以目前的庫存舊文章，可以讓我保持「一週兩次」的節目更新頻率，大約維持一年半左右的時間。所以我要在未來的一年半內，把我的說書事業發展得更完整，取得更多的獲利模式，開發出不同的產品或服務。我心想，如果自己在一年半之後達到這個里程碑，就可以離職創業，那麼不用上班的時間，就能夠全心投入我的夢幻工作，足以讓我每週撰寫和錄製兩篇全新的讀書心得。

因為規劃好全力衝刺的時間和計畫，我不僅替自己設定一個離職創業的「截止期限」，也替自己的 Podcast 節目設定更新頻率的目標，成為市場上罕見「頻繁更新」的說書節目。

從衝刺到長跑

衝刺，伴隨而來的是犧牲。我捨棄了原本所剩不多的假日時光，幾乎全部拿來用在經營說書上。

當時碰上新冠疫情，大家被關在家裡，也不能出國旅行，我更可以義無反顧地打造自己的事業。也幸好我女友給予全力的支持，她知道我決心要做出改變，而想要改變，就必須把握這段黃金衝刺期。

隨著我的說書內容逐漸受到聽眾的關注，節目也逐漸在激烈競爭的 Podcast 排行榜上站穩一席之地。一年之後（比當初預定的一年半還短），我達成了當初設定的離職創業目標，做出了離職的決定，轉往現在每週擁有充足的時間用來經營說書事業，保持每週更新兩篇的節奏。這時候的我，就像是在跑一場馬拉松。

矽谷傳奇投資人納瓦爾・拉維肯（Naval Ravikant）曾說過一句名言：「快速採取行動，耐心等待結果。」我對這句話的詮釋就是，在一開始的時候，我們必須先透過「短程衝刺」來建立起步的動能，讓成長的飛輪先轉動起來，我們後續的行動就能夠愈來愈順，之後再切換到速度穩定的馬拉松模式。

人生遠看就像一場馬拉松，需要持之以恆；近看則像是高強度的間歇訓練，是由無數個衝刺、休息、衝刺、休息的循環組成。

配速策略二：保持紀律的節奏

進入速度較平緩、穩定馬拉松模式後，我們該注意哪些事情？

我先說一個自己的慘痛經驗。離職之後，我絕大部分的時間變成在家工作。由於缺乏了固定的上下班時間，我第一個月就進入一種「過度放縱」的自由模式。我一週之內會趁平日白天跑兩次電影院，我在家一邊吃午餐一邊追劇，甚至吃完飯之後還繼續看到下午三、四點。我變成拖到最後一刻才開始趕著寫當週的讀書心得，而且還拖稿了好幾次。也因為玩樂占據了太多時間，那個月幾乎都是三更半夜才開始錄音。剛好當時進入秋天轉涼的時期，抵抗力變差的我一直感冒和流鼻水，病了整整兩週之後才終於康復。

我心中的小惡魔在我耳邊細語：「我可不可以輕鬆一點？偷懶少寫一點會怎樣嗎？」但內心另一個聲音卻提醒我，這一路上讓我能持續成長、精進和創造價值的，正是因為規律有序的穩定產出，而不是隨心所欲的做事態度。最後，我重新檢討了自己的時間安排，試圖找回以前有紀律的生活規律。

因此，為了能在人生這場馬拉松中跑得又遠又久，我們得認知到「保持紀律」的重要性，並且讓自己成為一個主動享受紀律的人，而不是被紀律逼著走的人。我們常覺得那些能夠「自律」的人非常了不起，他們看起來有嚴謹的紀律，可以持之以恆進行某一些事情。其實，背後是有訣竅的。

從自願到自律

自律的人好像永遠充滿動力，人生字典裡面似乎沒有「放棄」和「偷懶」。但是，他們真的有我們想像的那麼偉大嗎？我認為自律其實分為三個階段：

- **自律：**建立起一套長久且規律的模式。我們往往誤以為只要自律，就能達成最終目標，誤把自制力和成功劃上等號。
- **自然：**把我們自願去做的事情，變成不需要自制力，就能輕易執行的日常習慣。自然就是身心不會抗拒的好習慣。
- **自願：**當我們發現一件事情對自己真的有好處，或充滿樂趣，就會發自內心願意去做。儘管困難，仍樂此不疲。

現在，把上面三項「反著順序」再看一次。那些自律的強者們，其實只是一直在做他們發自內心喜歡的事，因為他們理解那件事情對自己的好處，所以自願去做，養成習慣自然地去做，最後才變成自律的人。自願是內在的驅動力，自律只是外在的表面結果。

為什麼有些人「自願」持續去做一件事情？除了他們對這件事情有興趣之外，其實他們還明白一個道理：**一百次的行動是進步的保證**。於是他們從自願到自然，最後成為自律的人。

當我們想透過行動，來精進自己某一項技藝、增強自己的自信心，有一種很有效的方式，那就是進行一百次的行動。

寫一百則社群貼文、寫一百篇部落格文章、錄一百集 Podcast 節目、烹飪一百道料理、跟一百位客戶對話、製作一百份不同產業的簡報。這個數量看似很難，卻是一個能被衡量和達成的目標。採取一百次的行動會帶來三個好處：

1. 我們對這件事情會學得更好。
2. 我們對自己會有更多自信心。
3. 我們對這件事情會有比別人更深刻的見解。

當我們做過某件事情一百次後，擁有的能力和觀點會和還沒開始做的時候截然不同。不是因為準備好才開始做，是因為做完了才變比較好。準備不會讓我們變好，只有行動才會。

自律的人只是比別人更自願、自由地選擇了一百次行動帶來的好處。不要浪費心力強迫自己自律，我們該尋找的是，發自內心想做的事。

配速策略三：不求快只求高品質

有些人總是汲汲營營，追求做事的效率，比別人做得又快又多，可是，高效率與高生產力並沒有劃上等號。

高生產力的人，往往不是做事速度最快的人，也不一定是做得最完美的人，但是生產力高的人大部分有一個共通點：他們總是做「對」的事，而且做得很「好」。

有趣的是，我們時常把「效率」（Efficiency）和「效力」（Effectiveness）這兩個字混淆了。效率指的是我們完成一件事情的「速度」，愈快完成它，就是愈有效率。為了提高效率，我們會進一步學習和精進各種做事情的技巧、訣竅和祕訣。

效力指的是我們完成事情的「重要」程度，和完成這件事會帶來的「成效」。為了提高效力，我們會退一步思考自己採取的行動，是否既重要又有效。

我們學了一堆讓工作更有效率的技巧，一直想著要做得愈快愈好，卻相對花較少時間想，如何做正確和有效的事情。

追求效率卻不顧效力，等於浪費心力在錯誤的方向；追求效力卻不顧效率，不過是用了比較笨的方法在做事。寧可笨一點，也不要瞎忙碌。我奉行效力先行，效率其後。

做好最重要的事

以我寫部落格為例，「每週寫出一篇讀書心得」就是我最關鍵的事。除了這件事，其他都是次要的。我可以一週內不上 Facebook 回覆讀者的留言，但是我要寫出一篇心得。我可以一週內不在社群媒體發表任何貼文，但是我要寫出一篇心得。我可以一週內不回覆任何合作邀約的信件，但是我要寫出一篇心得。

我的讀者記得我有哪一週忘了寫讀書心得嗎？每一週都有寫。我的讀者記得我有哪一週都沒回留言、沒有發表貼文、沒有回覆 Email 嗎？他們不記得，因為連我自己也不記得，那些都只是次要的事情。只有每週寫出讀書心得，才是真正重要的事情。

成敗的關鍵不是做「多少」事情，也不是每一件事情做得「多快」，而是我們有沒有持續做好最關鍵、最有成效的事情。當我們都有持續完成最關鍵的產出，那麼其他次要的事情，只要做到及格以上，別人就會以為我們怎麼能同時做那麼多事，又做得那麼好。

哲學家丹尼爾．普特南（Daniel Putnam）說過：「現代人想要自我欺騙，最常用的一招就是隨時保持忙碌。」不要用一堆無關緊要的雜務來騙自己很忙碌，有生產力的人往往十分從容。**生產力不是做得快速，而是產出最有價值的事**。

我們除了要確保自己自願地採取「有紀律的行動」之外，也要確保我們行動的事項符合「高品質產出」的條件，確保那些能帶來成果的事情，被一而再、再而三地執行。

關鍵心法

1. 先透過「短程衝刺」來建立起步的動能，讓成長的飛輪先轉動起來，你後續的行動就能夠愈來愈順，此時再切換成「跑馬拉松」的節奏。
2. 理解一件事情對自己的真實好處，讓自己「自願」去做、養成習慣「自然」去做。真正的自律是毫不費力。
3. 你在做的事情能夠帶來「成效」嗎？成敗的關鍵不是做「多少」事情，也不是每一件事情做得「多快」，而是我們有沒有持續做好最關鍵、最有成效的事情。

Step

11

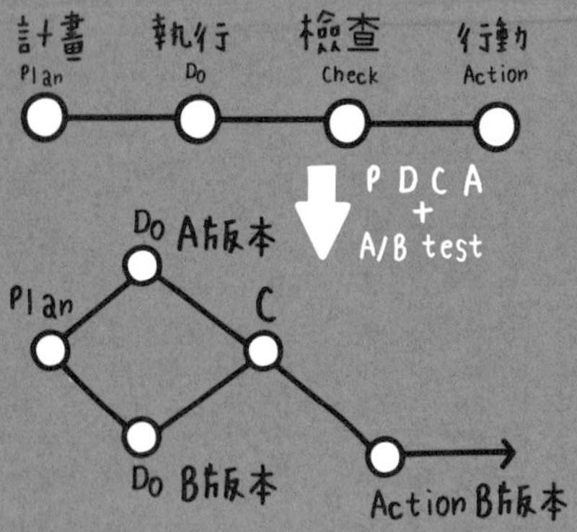

人生沒有失敗，只有不斷 A/B 測試

進入成長循環

提出一個問題往往比解決一個問題更重要。

——科學家　亞伯特·愛因斯坦（Albert Einstein）

• • • •

當我們設定好了目標、開始採取行動，朝目標持續前進的時候，別忘了偶爾抬起頭來，看一下自己走到哪裡？我有在原定路線上嗎？我迷路了嗎？該繼續走這條路線，還是換另外一條路線？

起初，我開始在 Facebook、Instagram 上發表貼文內容，原本用意是希望透過社群平台跟讀者互動，但卻發現，我花費了大量時間在各社群平台之間切換，此外，還要針對不同平台，花時間設計不同的圖片規格。因為我有記錄的習慣，且會透過記錄來檢討，當我發現這個問題後，便採用了可以同步發表於各社群平台的數位工具，會自動調整符合平台的圖片格式，用最少時間，換取最大效果。

這跟執行專案的原則是一樣的，我們不能只是埋頭苦做，而是邊做、邊看、邊修正。職場上，或許聽過「福特 8D 問題解決法」或「SWOT 強弱危機分析法」，台積電裡面常常見到這兩種方法。可是最實用、最能適應各種情境的方法，我首推「PDCA」。也許很多人知道這個方法，但我們如何用 PDCA，打造自己的夢幻工作，持續推進目標呢？

用 PDCA 創造人生的成長循環

PDCA 是一套循環式的流程改善方法，經常用於品質管理。四個英文字分別指的是：計畫（Plan）、執行（Do）、檢查（Check）、行動（Act）。透過這個循環，可以幫助我們在過程中不斷做出改進，確保工作品質。

如果是大型專案，常需要重新規劃目標、採取新的執行方案，可能需要回到開頭的「計畫」再進行一次循環。但如果是小型的目標，通常是持續在「檢查」和「行動」之間循環。在打造夢幻工作的時候，我會用商業模式來計畫，並分割成許多微型目標來執行，在執行過程中不斷檢查和行動。計畫和執行可以參考前面的章節，下面我將在檢查和行動的部分，進一步說明。

不斷地檢查（Check）

如果一條生產線運作得好好的，為什麼還要檢查？到底要檢查什麼？檢查之後要做什麼？

我們來想像一條有 A、B、C、D 四個站點的產品生產線，這條生產線每天最少要製作一百個產品，從處理原料的 A 站點，到包裝成最終產品的 D 站點，需要花費十天的時間。

某一天，A 站點的機台出現異常，產能下降到一天只能處理八十組產品。此時，如果我們沒有即時檢查，等看到 D 站點生產出的產品減少，甚至出貨時才發現產品短缺，此時再補救都已經太遲了。

當這個現象發生時，A 站點就被稱為生產線的「瓶頸」，是最優先要被解決和改善的問題。一條生產線的運作，就是持續透過檢查來發現瓶頸，然後挹注資源去解決瓶頸的過程。生產線的能力高低，取決於解決瓶頸和預防瓶頸發生的能力。

我借鑑了在生產線工作的經驗，在發展自己的說書事業時，也試著把整套作業流程轉化成一條生產線。

對我而言，我的材料就是一本書，產品就是文章和

Podcast 節目。我產出的每一篇內容都會走過一次作業流程，我的任務就是把這些流程上的每一個環節想清楚，提升每一個節點的效率，盡可能自動化，找到其中的瓶頸。我會透過數位筆記寫下從閱讀書籍、摘錄筆記、撰寫文章、錄音剪輯、排程發表，一直到跟讀者和聽眾互動，每個流程的執行步驟和時間花費，並且定期檢查。

找出瓶頸，工作效率加倍

像是一開始做筆記的時候，我是手寫在紙本筆記本上，先寫滿好幾頁之後，才打字變成數位筆記。我後來發現這個做法很緩慢，而且缺乏效率，後來乾脆不手寫了，我直接先打字到數位筆記軟體上面，在打字的過程中，也順道寫下自己對這個段落的心得。

此外，我也發現在寫一篇新文章的時候，常常覺得沒有靈感，也不知道要用什麼順序寫文章。一開始我都用自己的笨方法嘗試，過了一陣子才痛定思痛，決定採取其他更好的方法。後來我接觸到「寫作框架」這個概念，就開始去廣泛涉略不同的寫作框架。我會先選用某個寫作框架做為文章的骨幹，這大大提升了我的寫作速度。隨著我對框架愈來愈熟悉，也漸漸掌握了不同框架適合用在哪些用途，在挑選框架的時候，更加節省時間。

透過持續不斷用 PDCA 循環來改善細節，我漸漸縮短產出一篇新文章的時間，從原本一篇要花 15 個小時以上，降低成現在大約 6 到 8 小時，就能從閱讀一本書到產出一篇部落格文章。

檢查就是透過回頭檢視自己的進度和成果，找出哪些方法有效，哪些方法無效。我們可以養成記錄的習慣，在執行過程中，記錄下重要的資訊、當時的想法，以及進展的程度，以便隨時檢查。有時候我會感嘆：「以前怎麼那麼笨？竟然沒想到？」可是現在回頭來看，那些都只是一個變得更好的過程，不必責備自己。採取 PDCA 循環時，必須記得兩件事情：

1. 要有留下紀錄的習慣。
2. 要有健康的反省心態。

留下紀錄，不要倚靠記憶

我想趁這個機會介紹一個我很喜歡的用語，叫做「復盤」。復盤是圍棋的一個特有用語，意思是兩位棋手對弈結束之後，雙方或是其他棋手再將對弈的過程，按照落子順序逐步重來一遍，探究對弈內容並且精進棋藝。我也會與過去的自己一起復盤：

- 把曾經寫過的日記，拿出來檢討自己能改善的地方。
- 看過去執行的事情，檢討有無失誤的地方避免再犯。
- 檢查上週的進度，反省優先順序安排得是否適當。

因為「真正做過什麼」跟「記得自己做過什麼」是不一樣的。如果我們從來不曾做紀錄，單純依靠腦袋的記憶是非常不可靠的。只有當我們實際寫下，才有辦法反省當時發生的關鍵細節。

檢查心態：自省不等於自責

第二件事情，我們要對自己設定一個健康的心態，那就是分辨自責和自省的差異。

「自責」是歸咎於自己，不放過已經發生的事情，在腦中不斷上演那些無法改變的過往記憶。自責是用過去的舊錯誤，來懲罰未來的自己。

「自省」是歸功於自己，正因為經歷了那些難堪的錯誤，才能想出更好、更縝密的修正策略。自省是用未來的新機會，來榮耀過去的自己。

我認為最好的「檢查」就是透過自省的心態來進行復盤。我們不需要被過去的錯誤給限制住，以前用的笨方法就讓它成為過去式，以前發生不如預期的事就讓它成為往事。真正重要的是，我們針對那些不理想的地方，做出了什麼修正計畫？準備採取什麼行動？想要尋找什麼新方法？我們只是借助過去的紀錄和經驗，來決定下一步的行動。

不停地行動（Act）

進入 PDCA 的循環後，我們不一定更順利，相反的，檢討時反而發現執行上有更多不如意、不符合預期的狀況。很多人會視這種挫折為「失敗」，但我轉變心態，這種挫折感就不再阻擾我，甚至我愛上了失敗。

方法其實很簡單，我們只需要破除一個迷思。像我自己在學習「寫作」並公開發表的過程中，一定會有寫得不好的時候，一定會有寫得七零八落的時候，一定會有遭到批評的時候。而最糟糕的情況是什麼？我很有可能因為害怕失敗，導致不敢繼續練習，最後停筆不寫了。

矽谷創業家常常把「失敗」掛在嘴邊，像是大家琅琅上口的「快速失敗，時常失敗」（Fail fast, fail often.）、「失敗得早，愈快學到」（Fail early, learn fast.）這類口號。

矽谷創業家熱中討論的失敗，其實指的是反覆重做的實驗精神——**擁有嘗試新事物的自由和意願，直到找出能解決問題的方法**。

行動心態：把失敗視為「迭代」

實踐目標的路上不總是筆直地向前，中間會有錯誤的岔路，導致我們偏離原本的目標，有時候還需要原路折返。美國 Brightworks 木工學校早期發生過一段趣事，成立學校後第一年的某個週一早上，一位老師把班上教室的所有椅子都收走。學生進教室之後一頭霧水，老師給大家兩個選擇：第一個是，一整個學期站著上課；第二個是，跟老師到工作坊做出一把自己的椅子。當然，沒有人會選一。

每個學生都很興奮，到工作坊之後，拿起工具開始製作椅子。結果，沒有一個人的椅子可以撐超過兩天。但只要有人椅子壞了，老師就會請那位學生把椅子搬上課桌，大家一起討論這把椅子出了什麼問題。

當大家陸續做出第二把椅子後，發現坐起來很不舒服，又繼續改良出第三代。接著，又發現木頭的材質不應該選軟松木，而是要選硬木頭。學生們彼此討論椅子的組裝流程，以及各個環節的設計方式。最終，他們學會了製作扎實好坐的椅子——一個真正的家具。

這位老師使用的方式稱為「迭代」（Iteration）。迭代是不斷對過程重複、重做，為的是更接近並到達目標或結果。每一次對過程的重複被稱為一次迭代，而每一次迭代得到的結果，會被用來做為下一次迭代的初始值。

在打造夢幻工作的路上，我們其實只需要知道自己想前往的方向，不一定要完全知道終點是什麼。因為我們只要一直根據上一次迭代的經驗，選擇一個我們認為正確的方向，就可以繼續前進。方向已經足以讓我們做出下一個決定。

不用刻意選擇失敗，而是選擇繼續迭代、繼續實驗。接下來我會分享一個我最常用的實驗方法。

測試兩種版本，選較好的那一個繼續迭代

我最常用的行動方法是，設計「兩種版本」的實驗計畫去執行，接著檢查結果，最後選定表現「比較好」的那一個，這種方法在軟體業界統稱為「A/B 測試」（A/B Testing）。但是使用這個方法，我通常會遵守兩個原則：

1. 把 A 版和 B 版測試的對象分成 1:1 的比例。一半的

人使用 A 版，一半的人使用 B 版。

2. 測試的對象必須是完全隨機。目的是避免先入為主的偏見，能夠獲得更加客觀的實驗數據。

A/B 測試可以用在很多地方，像是網站開放一個新的功能、網頁設計師評估哪種設計比較受歡迎、數位行銷人員觀察哪種方式能促進購買率，就連 Google 的搜尋引擎演算法，也使用 A/B 測試的方法來優化。

以我的電子報「訂閱人數」為例。除了訂閱人數之外，我更在乎的是訂閱者的「開信率」。因為一封 Email 要被讀者打開、被讀者閱讀才有價值，否則就只是沉睡在讀者信箱裡的一串數位符碼。開信率愈高，代表讀者愈想讀到這封信，代表這封信的價值就更高。

開信率可說是一份電子報的品質指標。在我開始經營電子報的時候，開信率大約是 35% 左右。接著，我嘗試用 A/B 測試來提升開信率。

原本，我把電子報當成一個「部落格文章更新」和「Podcast 節目更新」的通知信，每封信裡只有一個資訊，那就是最新內容又更新了。後來我認真思考，電子報不只能用來「通知」，電子報本身也要有「價值」。

我想到自己時常透過 Facebook 和 Instagram 發表「好

書金句」和「每日小筆記」，都獲得很好的迴響，讀者可以在極少的字數內，吸收到一個觀念或一句名言。於是，我試著把這樣的價值，整合到電子報裡面，設計了兩種版本的電子報格式。

- **A 版（原始的舊格式）：**寄送最新的文章和節目「通知」。
- **B 版（實驗的新格式）：**寄送最新的文章和節目「通知」，加上兩則「好書金句」，以及一則「每日小筆記」。

我的電子報訂閱者一半的人收到 A 版，另一半的人收到 B 版。這個實驗我總共進行了一個月，寄出八封電子報。最後我檢查實驗數據，得到一個令我驚喜的結果。

A 版電子報的開信率是 35%，但是 B 版電子報的開信率則接近 50%。

得到這個顯著的結果之後，我繼續迭代，用 B 版當做下一次實驗的初始值，繼續實驗不同的標題寫法、副標題寫法等，最後開信率提升到超過 50%。

一直以來，我都是把 A/B 測試應用在經營說書事業的各個環節當中，從讀書心得的段落順序、部落格文章的標題、社群貼文的圖片格式，一直到貼文內容的排版等，全都進行一輪實驗，找出一個相較之下更好的選項。

秉持同樣的精神，我們也可以在生活和工作上面做A/B 測試，找出「更好的」那一個。如此一來，絕大部分的嘗試就會變成兩種不同行動的有趣實驗，而不是採取單一行動遭遇到的可怕失敗。

個人成長，就是一場場實驗

在說書節目獲得關注之後，有很多採訪我的人喜歡問我，這一路上我印象最深的「失敗」是什麼？我常常一時之間答不上來，因為在我打造說書事業的過程當中，已經將所有事情都當成「實驗」，總是會遇到好一點的結果和差一點的結果，而我只是不斷地測試和採納不同的實驗結果罷了。

如果可以的話，**我會把字典裡面的「失敗」兩個字劃掉，改成「實驗結果比較差」；然後把「成功」改成「實驗結果比較好」**。如果我們秉持實驗精神來打造自己的夢幻工作，不管如何進行實驗，一定會有「比較好」和「比較差」的兩種結果。我們只需要挑選「比較好」的那個做為後續行動的基礎，再進行下一次的實驗就可以了。

我們可以把自己想嘗試的事情，搭配 PDCA 循環和 A/B 測試，就連培養運動習慣，也可以採取這種實驗策略。我們可以先測試「時段」，一個禮拜先早起半小時運動，另一個禮拜在下班後的半小時運動，每一天都記錄自己的心情、體力和隔天的精神狀態，然後挑選效果最好的那個。我們也可以測試「種類」，一個禮拜都做瑜伽，另一個禮拜都出門慢跑，同樣記錄和檢視，再採取一個最喜歡的種類繼續做。我們也可以測試「形式」，一個禮拜都在家裡跟著 YouTube 影片做瑜伽，另一個禮拜前往韻律教室做瑜伽，同樣記錄和檢視，才決定一個最適合自己的形式。

這種實驗的策略，會確保我們培養出最符合自己需求、喜好、時間分配的運動習慣。無論快一點、慢一點培養出運動習慣都無所謂，因為在實驗的過程當中，我們嘗試了各種可能，而且更認識了自己，這都是寶貴的學習和成長。

用實驗的精神來看待人生，等待我們的就剩下兩種可能，慢慢成功，或者比較幸運的人——快一點成功。

關鍵心法

1. 記得在執行的過程中，記錄下重要的資訊、當時的想法，以及進展的程度，以便隨時檢查。透過回頭檢視自己的進度和成果，找出哪些方法有效，哪些方法無效。
2. 進行嘗試的時候，不一定要完全知道終點是什麼。只要一直根據上一次迭代的結果，選擇一個你認為正確的方向，就可以繼續前進、持續優化。
3. 把人生當成一次又一次的有趣實驗，而不是非贏即輸的可怕賽局。

Step

12

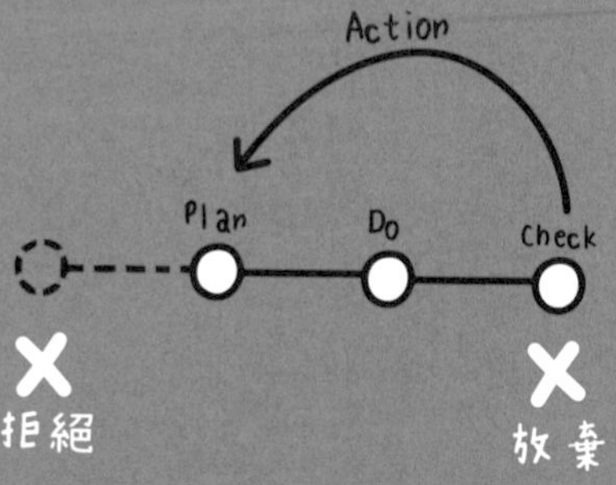

不做比做更有效率

放棄與拒絕

說不，並非辜負別人，而是為了維護自己。設定邊界並不會顯得你不尊重，反而是表達了你對自我的尊重。

——心理學家　亞當．格蘭特

● ● ● ●

我以前很相信「堅持到底」的美德，甚至可以說有一點「過度頑固」，而這害了我。

這個狀況在我開始寫部落格的時候，還一直糾纏著我。我的第一篇文章發表在 Medium 部落格平台上，我也是在這個平台讀到第一位讀者的留言回饋，讓我產生了「我的內容可能對別人有幫助」的念頭。自此之後，我就每隔兩到三週發表一篇文章上去。隨著我看到很多國外作家在這個平台上獲得了財務和名望上的成功，讓我一度下定決心，要在這個平台持續不斷地創作下去。

起初，一切都很美好，我利用下班時間寫作，發表文章，獲得回饋。我試著把平台上面的頁面弄得漂亮一點，加入許多點綴和美化的巧思。但是，畢竟平台的版面格式是寫死的，我只能依照平台開放的功能去編輯，無法調整成自己心目中最理想的版面模樣。接著平台調整了文章付費牆的功能，我雖然不喜歡它呈現的樣貌，卻也只能摸摸鼻子接受。平台也限制了網址的呈現方式，像是我這種比較晚加入的使用者，只能拿到又臭又長的網址。我發表在上面的文章愈多，心裡的委屈就愈多，但卻不想轉移到其他平台。我覺得自己必須堅持到底，否則就是半途而廢。

直到女友有一次又聽到我在發牢騷，我一直碎唸這個平台有哪些地方不符合我的需求，她就給了我一個建議：「你要不要仔細回顧一下，在平台寫文章和自己架網站的優勝劣敗啊？你一直抱怨也不是辦法，該做個決定了吧，長痛不如短痛。」

我這才驚覺，原來我離不開平台的原因，只是因為覺得應該堅持，捨不得已經設定好的版面，放不下已經建立起來的搜尋引擎權重（SEO）。直到我回顧那幾個月撰寫的子彈筆記日誌，才發現有這麼多的問題一直累積在我的心中。原來我一直盯著短期的損失而不敢行動，卻忘了回頭檢視這些不便帶給我多少的不愉快。

最後，在女友的鼓勵下（我猜是她不想再聽我發牢騷了），我終於決定放棄在 Medium 長期寫作，開始學習自己架設網站。

還記得前一章我們談的 PDCA 嗎？藉由 PDCA 的循環步驟，我們必須依據記錄下來的資訊進行判斷，擬定接下來要採取的行動。所謂的行動談的不只是「做」什麼，更重要的是透過檢查來決定「不做」什麼。我們接著來聊聊何時要「放棄」和何時要「繼續」。關於放棄，韓國女生柳韓彬的故事讓我深感共鳴。

讓自己不後悔的「放棄框架」

她出社會時，是一位熱愛動物的獸醫，是一般人眼中的人生勝利組。但是她內心知道，自己在日復一日的疲憊和忙碌中，過著茫然的上班生活。她開始利用下班時間參加許多活動，學習自己感興趣的事情，像是當美妝網紅、音樂劇演員、學繪畫、當部落客、開發 App 等。在過程當中，她才逐漸發現自己真正的志向，後來成為一位成功的 YouTuber，還販售起獨家的筆記本商品。

通常我們讀到這種故事時，心中都會發出「哇」的一聲，有點羨慕又有點忌妒。我們著迷於她的成就，卻忽略了使她成功的關鍵。這個關鍵就是：她懂得放棄。

如果我們仔細觀察，會發現她有寫筆記的習慣（後來成為了她的商業利基）。她會記錄自己做過的嘗試，寫下當時的心情、整理執行的成果。透過一次又一次的嘗試、失敗、檢查、再度嘗試，她快速地放棄各式各樣不適合自己的事情。

她一開始試著拍美照當 IG 網紅，放棄。挑戰當音樂劇演員，歌唱得不夠好，放棄。學繪畫和影像軟體，但太粗線條容易犯錯，放棄。經營部落格，但漸漸失去興趣，放棄。開發一款全新 App，成本和難度太高，放棄。

這些失敗和放棄的經驗，讓她更快速地找到真正熱中的斜槓副業：經營 YouTube 頻道。後來她還寫出《原子時間》這本書，傳授自己的時間管理祕訣，並販售自己設計的時間管理筆記本。

如何決定是否要放棄？

我們該怎麼決定是否要「放棄一件事情」？我大力推薦英國企業家史蒂文．巴特利特（Steven Bartlett）曾經提出的「放棄框架」，透過少數幾個選擇題就可以幫我們做出「放棄」的決定。

圖 12　放棄框架

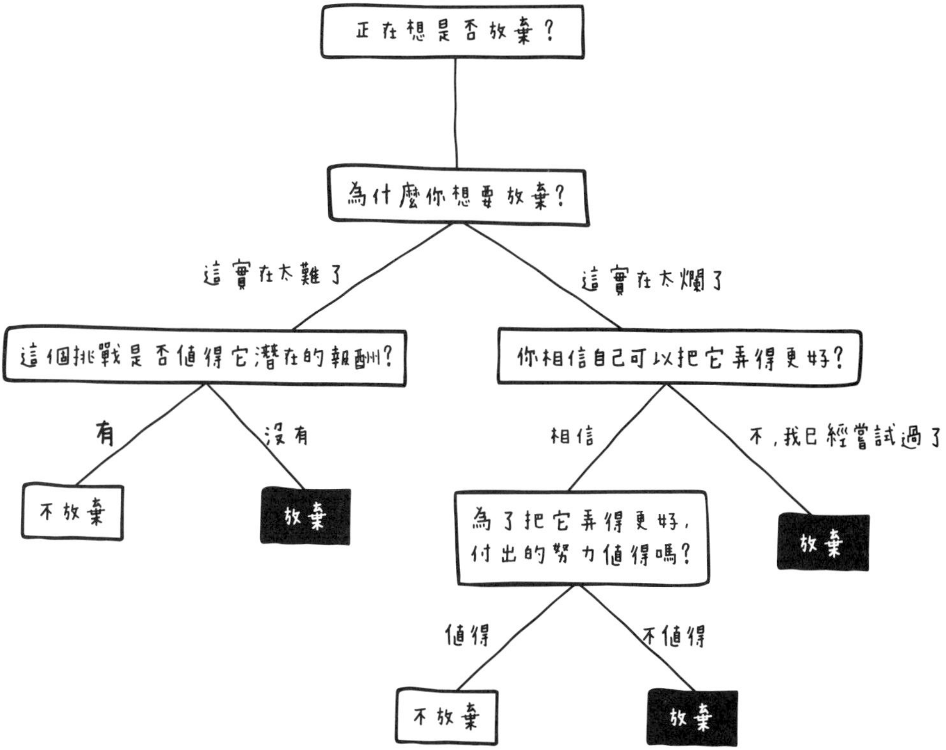
正在想是否放棄？
為什麼你想要放棄？
這實在太難了
這實在太爛了
這個挑戰是否值得它潛在的報酬？
你相信自己可以把它弄得更好？
有
沒有
相信
不，我已經嘗試過了
不放棄
放棄
為了把它弄得更好，付出的努力值得嗎？
放棄
值得
不值得
不放棄
放棄

懂得放棄的人不是魯蛇，而是贏家。

在經營自媒體的路上，我也是新手，但我秉持做實驗的精神，設定一個「假設」，進行持續且連貫的「執行」，過一陣子再回來「檢查」結果，驗證了我的假設之後，再做出下一個「行動」。

我在打造自己的說書事業時，特別是針對「社群平台」這個部分，除了大家常見的 Facebook、Instagram 之外，有更多是被我放棄的項目。我就是用「放棄框架」的思考方式，放棄（或半放棄）經營以下這些社群。

1. Twitter

在歐美國家，Twitter 是政商名人和意見領袖最愛用的發文平台，可是在台灣表現如何呢？我用「自動發文」的機制，在 Twitter 上面持續發表了接近三年的貼文，至今只累積了 150 位追蹤者，且沒有發生過任何的讀者互動。不過，因為我用的是自動發文機制，所以基本上我從來不用去管理它，這個成果只是讓我知道，Twitter 在台灣還不是一個成氣候的平台。我用放棄框架來思考：

- **正在想是否放棄它？** 是。
- **為什麼你想放棄它？** 因為它的效果很差。
- **你相信自己可以把它弄得更好嗎？** 可以，我能夠邀請讀者前往追蹤和互動，也能在上面發表更符合平台格式的內容。

- **為了把它弄得更好，付出的努力值得嗎？** 不值得，我的九成觀眾來自台灣，整體使用者習慣都不在 Twitter 上，投入的努力換不回值得的報酬。

2. Matters、方格子、Medium

一開始我在這三個平台上也有發文，主要目的有兩個：第一是增加觸及該平台讀者的機會，第二是為我自己架設的「閱讀前哨站」部落格，增加搜尋引擎權重。我後來觀察，會從這三個平台「點擊」回到閱讀前哨站，而且還「訂閱」電子報的轉換率，其實非常低。此外，閱讀前哨站的搜尋權重，已經達到一個很高的水準，凡是書籍心得文章，基本上都在搜尋前三名的位置。綜合上述兩點，我也決定暫停在這些平台上同步發表文章，改以引導讀者回閱讀前哨站或訂閱電子報為主要目標。我用放棄框架來思考：

- **正在想是否放棄它？** 是。
- **為什麼你想放棄它？** 因為要花心力維護。
- **這個挑戰是否值得它潛在的報酬？** 不值得。

3. YouTube

我在一開始架設部落格的時候，就曾經想過要拍攝說書影片，或者製作成動畫版的影片。但後來我考量到製作影片所需要的時間成本太高，也需要更昂貴的設備和剪輯軟體，因此作罷。直到我創立了 Podcast 節目「下一本讀什麼」，才重新檢查自己的想法，盤點當時市場上的情況。最後我決定將 Podcast 說書音頻轉換成靜態版的 YouTube 影片，這個方式所花費的時間與金錢成本極低，又能夠滿足部分聽眾喜歡用 YouTube 收聽的需求。我用放棄框架來思考：

- **正在想是否放棄它？** 是。
- **為什麼你想放棄它？** 製作影片的時間和金錢成本太高。
- **這個挑戰是否值得它潛在的報酬？** 值得，因為 YouTube 是世界第二大的搜尋引擎。我採取「Podcast 靜態影片」的方式來解決。

如何決定繼續做下去？

任何一項新的計畫，必須在執行之後定期檢查成效，然後決定下一步的行動。接下來分享一個 PDCA 成功的案例。

我從 2022 年開始嘗試一種新的貼文「每日小筆記」，白色背景搭配黑色純文字的 150 到 250 字短文筆記。由於有讀者很好奇我每天都做了哪些筆記？我所謂的持續做筆記是什麼意思？所以我就向讀者公布一個新的計畫：「接下來我每天都會貼一則筆記。」除了直接分享我的最新筆記之外，也希望達成長期的複利效應，讓創作的內容可以接觸到更廣大的讀者，對自己也是一個額外的驅動力，讓我保持每天撰寫筆記的習慣。

那麼，執行這個計畫的一個月過後，成效如何呢？檢查實際的數據發現，除了我在社群平台上面的舊發文排程之外，我從 2022 年 3 月 27 日開始每天多發表一篇小筆記，累積 28 天之後，獲得了下面的成果：

- **Facebook：**觸及人數增加了 85.4%。
- **Instagram：**觸及人數增加了 519.2%。

接著，我進一步分析這兩種社群媒體的差異，因為我在 Facebook 的貼文數量比較多，所以每日小筆記的貢獻程度，稍微少了一點，但還是帶來了接近一倍的成長。而 Instagram 的發文數量比較少，所以新增了每日小筆記之後，觸及人數竟然暴增了五倍以上。

這套方法，除了增加社群平台的觸及率之外，對我而言，最有收穫的就是促使我每天都要寫出一些東西，等於是另類的寫作儀式。這使我必須保持文字的敏銳度，持續思考、聯想、探究不同想法之間的關係，讓我保持創作的手感。

當我們透過檢查，發現數據支持了自己的計畫，接下來要做的就是，繼續保持執行的紀律。我始終相信，微小的改變，能帶來巨大的成果。

放棄和半途而廢的差別

最後，我想特別提醒一件事情，那就是放棄和半途而廢，是天差地遠的兩件事。

放棄是當我們實際採取行動、多方嘗試、檢視結果之後，做出深思熟慮的決定。適當的放棄並不是代表我們很弱，只是表示我們把寶貴的時間、精力，用在真正重要的事情上面。

半途而廢是當我們用半吊子的態度去執行，漫不經心地用感覺和情緒做出的決定。半途而廢的人並沒有想清楚，自己真正想要的是什麼。他們把時間和精力，用在其他根本不重要的事情上面。

放棄是一種選擇，是堅持過後才瀟灑放手的美德。半途而廢是一種放任，是漫無目的地自以為灑脫。

因此，我們不需要一開始就把「刻意練習」或「恆毅力」奉為圭臬，覺得放棄的人就是懦弱或魯蛇。我們要的事情其實很明確，就是事前的規劃和實際的執行，透過自己累積的經驗和數據，發展出更為敏銳的直覺，知道哪些事情是不值得堅持的。

只有放棄那些不重要的事情，才能聚焦於真正重要的事，挖掘出值得堅持到底的事。

「優雅拒絕」是門藝術

身為說書人，我經常收到出版社的書籍推廣邀約，但基於我對選書原則：挑自己有興趣的內容、作者背景扎實、評價普遍良好，所以基本上，我拒絕掉的書，遠比接受的書來得多。我認為保留時間給自己認為值得推薦的書籍，是對自己時間最好的尊重。

近代管理學之父彼得．杜拉克（Peter F. Drucker）曾經說過一句充滿智慧的經典名言：「最沒有生產力的事，就是用更有效率的方式，去做根本不該做的事。」漸漸地

圖 13　「做必要的事」與
「拒絕不必要的事」投資報酬率

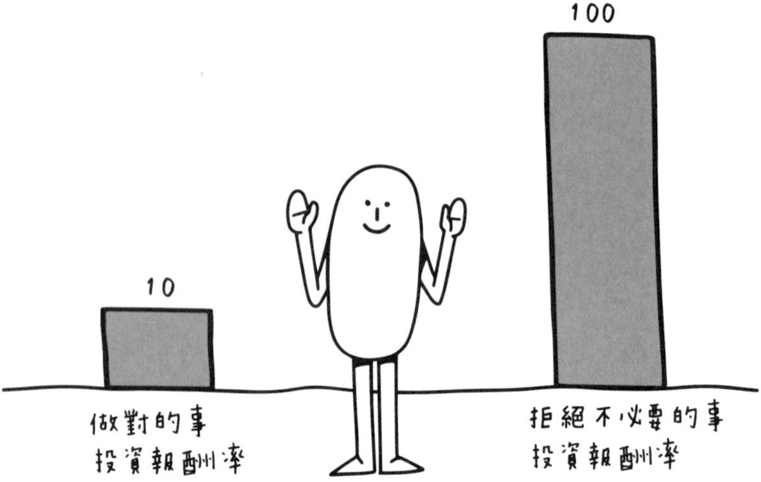

我也發現：答應一件不必要的事，會導致後續的痛苦；而拒絕一件不必要的事，反而會讓我減輕我的心理負擔，把心力放在必要的事情上。

所以，選擇「不做」的事，才是最有生產力的事。我們只要用一個簡單的邏輯，就可以判斷兩者的差異：

- **做必要的事情：**做起來很辛苦，我們會試著提高效率，對於收穫感到心滿意足，長期下來便發揮了複利效應。
- **做不必要的事情：**做起來很辛苦，心情愈來愈差，效率跟著變差。好不容易完成本來就不必要做的事情，卻發現根本沒什麼效用。

因此，如果量化「做」與「不做」的投資報酬率就會變成：

- **做必要的事：**投資報酬率可能只有 10。
- **拒絕不必要的事：**投資報酬率可能高達 100。

克利爾曾經針對「拒絕」這個主題，寫了一篇精采的文章〈終極生產力的祕訣，就是說不〉。在這篇文章裡，他分析了一般人不擅長拒絕的原因，因為人們不希望被視為無禮、粗魯的人，為了不傷感情，所以傾向答應別人對自己提出的請求。關鍵在於，我們沒有真正理解「拒絕」和「答應」的差異：

- 當你說「不」，只是拒絕了一個選項。
- 當你說「好」，等於拒絕了能在這時間完成的任何其他的選項。

說「不」只是一個決定。說「好」卻是一個責任。

優雅拒絕第一步：建立自己的「拒絕框架」

了解到拒絕的好處後，我嘗試用 PDCA 的精神，設計了一套「拒絕框架」來幫助我做出拒絕的決定。這套方法背後的邏輯，就是當我們收到任何新的請求、新的邀約、新的合作需求時，就在腦中快速跑過一次「虛擬的 PDCA」，對其中每一個環節做出「是」與「否」的判斷。具體的步驟如下：

- **P（計畫）：**這件事情符合我（或公司）的目標嗎？
- **D（執行）：**我對執行這件事感興趣嗎？
- **C（檢查）：**這件事情能帶來長期效應，還是短期收益？
- **A（行動）：**採取這項行動的難度和挑戰性，非得由我來做不可嗎？

以下舉兩個例子，說明我是如何透過「拒絕框架」來進行思考，並做出決定。

圖 14　拒絕框架

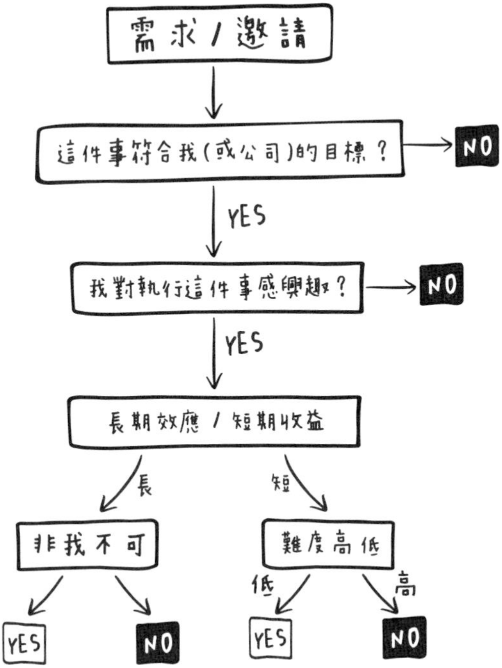
需求／邀請
這件事符合我（或公司）的目標？
NO
YES
我對執行這件事感興趣？
NO
YES
長期效應／短期收益
長
短
非我不可
難度高低
低
高
YES
NO
YES
NO

第一個例子是來自企業的講課邀約，內容是「如何領導新世代的下屬」。這個邀約跟我喜歡閱讀「職場」和「溝通」方面的書籍很符合，我對這個主題本身就很感興趣。這是一個一次性的講座邀約，屬於短期收益。但長遠來看，未來有機會發展成授課對象是高階經理人的長期課程。但是，考量到執行的難度之後，我發現當時自己尚無素材，因此這是一件難度高、挑戰性高、需要投入許多時間的事情。此外，即使我投入時間開發成能帶來長期收益的講座，也不一定要由我來做，在市場上還有其他更適合講這個內容的人。所以我選擇拒絕。我的判斷流程是：

- **這件事情符合我（或公司）的目標嗎？** 符合，我會撰寫職場和溝通方面的議題。
- **我對執行這件事感興趣嗎？** 我對主題本身感興趣。
- **這件事情能帶來長期效應，還是短期收益？** 一次性講座，屬於短期收益。
- **採取這項行動的難度和挑戰性？** 當時尚無素材，難度高、挑戰性高、需要投入的時間成本高。

第二個例子是來自其他自媒體經營者的邀約，內容是「共同經營影音類型的閱讀頻道」。這個邀約很符合我的目標「傳遞閱讀的美好」，而且我對影音很感興趣。這件事情一做就必須做很久，能創造出長期效應，但我對合作對象是否能長期經營感到不安。我接著考量到這件事情非得由我來做不可嗎？如果對方跟其他的合作對象搭檔，也能有相似的成效嗎？我認為要實踐這個經營模式並不是非我不可，而且協同合作也有一定的複雜度，影音製作更是新的挑戰，需要額外的成本。綜合考量之後，我選擇拒絕。我的判斷流程是：

- **這件事情符合我（或公司）的目標嗎？** 符合，傳達閱讀的美好給更多的人。
- **我對執行這件事感興趣嗎？** 我對影音媒介感興趣。
- **這件事情能帶來長期效應，還是短期收益？** 長期效應。但我對合作對象是否能長期經營感到不安。
- **非得由我來做不可嗎？** 要實踐這個經營模式並不是非我不可。

以上兩個例子是比較耗費腦力的決定，其他類型的要求和邀約則容易許多。例如，跟事業目標無關的合作、我不感興趣的書、我不感興趣的人、不能帶來長期效應的事物等。絕大部分的要求，會在框架的前一兩步，就被過濾掉。

PDCA 的最高境界，就是不需要做 PDCA。建立一套拒絕框架，有助於我們拒絕一切根本就不必去執行的事。

優雅拒絕第二步：明確拒絕，原因模糊

一旦我們清楚拒絕的重要性，以及拒絕是對自己和他人的尊重之後，就能以正確的心態，採取適合的拒絕態度和對話。這時候，我們常在網路或書中看到的「如何拒絕」技巧，才能夠真正派上用場。

例如，當對方提出一個情感上的需求，可以說：「謝謝你想到找我幫忙，但我目前也身陷其他的困擾，很抱歉沒有辦法答應。」當對方提出一個任務的需求，可以說：「很開心你先想到我，但我沒辦法答應你，因為我還有非常重要的事情必須要完成。」當對方提出一個可以由別人來完成的需求，可以說：「我可能不是最佳人選，你有問過 A 嗎？他或許更幫得上忙。」

專精於個人生產力的知名學者卡爾・紐波特（Cal Newport），在他的暢銷著作《深度工作力》（*Deep Work*）這本書裡表示，他的拒絕心法是「明確拒絕，但是模糊解釋拒絕的原因」。

他曾經回絕一個很花時間的演講邀請，因為他在同

一時間已經安排了出差，但是他不會提供細節，因為對方有可能會提議用「另外一種方式」，來配合他的行程。因此，他這麼說：「聽起來很不錯，但因為時間衝突沒辦法，謝謝。」而不是提供任何有可能耗費時間的「第二選項」來安慰對方，說：「很抱歉我不能參加，但我很樂於看看你們有什麼其他提案，並且提供我的意見。謝謝。」

假如回覆第二種保留「一線生機」的信件，對方肯定會想其他的方法繼續邀約。更糟的是，如果我們「帶著保留地拒絕」，之後對方又有求於我們，肯定得再花時間回應，因為我們必須履行自己給出的承諾（例如前面說「提供我的意見」）。於是，回覆了一封電子郵件，又產生更多的電子郵件。

優雅拒絕第三步：先表達感謝，再致上歉意

如果我們覺得明確拒絕，好像很傷感情，不妨看看我的婉拒信。我一天要拒絕的邀請，遠超過我答應的邀請，所以我不斷修正婉拒的方式，希望能讓對方感覺更好。我會把信件的範本存起來，需要用的時候，按照這個範本再做修改就可以了。

非常開心收到您的來信邀約，但由於這本書目前比

較不符合我接下來閱讀的方向，先跟你婉拒這份邀請。我相信這本書的推廣即使沒有我，也一樣會非常成功，給予最好的祝福。再次感謝！

如果我們想節省每次婉拒所花費的心力和時間，可以在隨身的筆記本或數位工具裡面，儲存你的「拒絕範本」。往後，只需要花很少的心力，就可以套用範本調整成合適的回覆。

拒絕的時候，充分表達我們的感謝、祝福和歉意，就是一種最好的「不含敵意的拒絕」。我會隨時牢記我的界線和準則：瑣事簡單做，重要的事努力做，把時間用在真正重要的事情上面。

放棄和拒絕，是人生的減法哲學

如果有任何的事情或請求，我們覺得「還好而已」，那就不要答應；反之，如果我們覺得「太棒了，這件事非我不可」，那我們才點頭。做出回應之前，記得回顧自己的長期目標，任何偏離目標的事情，都值得給出一個明確的「不」。

隨著時間過去，我們會發現，要拒絕的請求變得愈來愈難以拒絕，但這是一件好事。如同 Apple 創辦人史蒂夫・賈伯斯（Steve Jobs）所說：「人們認為專注是對你關注的事情說『是』，但這並非專注的真正意思。專注意味著，你必須對其他的一百個好點子說『不』。你必須謹慎地選擇。」

水的清澈，並非因為不含雜質，而是在於懂得沉澱；**心的通透，不是因為沒有雜念，而是在於明白取捨**。那些能夠看清楚目標、勇往直前的人，往往是體悟並奉行「減法哲學」的人。

透過減法，果斷放棄和拒絕。當我們放棄和拒絕了那些不重要的事情，聚焦於真正重要的事情時，通往目標的道路才會展開在眼前。

當我們離目標愈來愈近，就會遇到愈多看似不錯的機會，卻是讓我們分心。而成功達標的關鍵就在於，分辨哪些是機會，哪些讓我們分心。通常，值得把握的機會很少，需要被捨棄的分心很多。

關鍵心法

1. 你必須先採取行動、多方嘗試，透過「放棄框架」的流程去檢視結果，最後做出決定。
2. 你可以按照「拒絕框架」來思考，有助於你拒絕一切根本就不必去執行的事。
3. 當你說「不」，只是拒絕了一個選項；當你說「好」，等於拒絕了能在這時間完成的任何其他的選項。答應要謹慎，拒絕要果斷。

Part 5

遇到叉路的選擇與勇氣

——相信自己

2021年9月16日，我從台積電正式離職了。

時間倒轉回到離職前一週的星期五、離職的倒數第二天。明明就還不是最後一天，但是在我走過連接台積南科廠F18A和F18B的長廊時，突然有一股很壓抑的情緒在心頭湧現。

當我快要走到金屬探測機閘門的時候，心裡冷不防地冒出了一句：「我好喜歡這家公司。」邊走邊想著，我現在的一切成就，都是因為這家我熱愛的公司，培養我、磨練我、照顧我。沒有在這家公司的歷練，就沒有現在的我。

就因為這股由衷的熱愛，我內心浮現了在垃圾場長大的劍橋博士泰拉．維斯托（Tara Westover）跟原生家庭分道揚鑣時的感觸，她在回憶錄《垃圾場長大的自學人生》（*Educated*）的描述令我深有同感：「你可以既深愛著某人卻又選擇和他道別。你可以每天都思念著他，卻又慶幸他們不再活在你的生命中。」這像極了我當下的心情。我愛這家公司，但我不得不向它道別。

在另外一個平行時空，我跟這家公司持續走下去，打造更璀璨的未來，有許多新的成就和挑戰。我知道，會很好的。

但是在這個時空的我，選擇了離職這條路，因為更讓我感到好奇的是，嶄新的、冒險的、自由的人生，會是什麼樣貌？

在同一天的稍早，我從很多老戰友、老同事和各級主管的口中，獲得了滿滿的祝福。在我開口提離職之前，我曾經害怕地要死，我好怕聽到：「你瘋了嗎？你不可能成功吧！幹嘛放棄大好前程！你這樣做太冒險了！」我原本好擔心會聽到這樣的話。但是，一句也沒出現。讓我感到驚訝的是，在這一天向我道別的所有人，都對我充滿了祝福。

我內心一顫，這些內心的害怕與擔憂、批評與阻撓，從頭到尾都是我施加給自己的緊箍咒。面對滿溢的祝福，讓我當下的心頭揪得更緊了。

走過金屬探測閘門的時候，我全身一陣麻，腦袋開始發熱。我開始幻想著，下禮拜一上班的最後一天辦離職手續之後，同樣要走上這條路，然後「最後一次」刷出這道閘門。我會不會流下男兒淚呢？最後一次刷卡的場景開始在我腦中浮現，我的頭開始感到有些脹脹的。

等到我的私人物品都順利經過了X光機後，我用平常慣用的順序將鑰匙放進右口袋，將手機放進左口袋，將錢包放進左後口袋，拿起筆記本繼續往前走去。刷卡出閘門的當下，我心想：「就這樣了嗎？」

「嗶！」的一聲，我俐落地走出閘門，繼續走向地下停車場。

在樓梯間的轉角間，我看到熟悉的工安宣導，我以後會不會很懷念它呀？我記得這座工廠的裝潢、地板的材質、牆壁的配色、空氣中瀰漫的味道。一切是這麼地熟悉。我走過停車場的電動門，繼續朝我的汽車走去。

我想，我一定會很懷念。一定的。那些曾經輝煌和艱難的畫面，全部交織在一起，夾雜在心頭。「這就是我長大的地方。」我心想。

打開車門，我熟練地把筆記本丟到副駕駛座，一屁股坐上車子。不知道過了多久之後，激動的情緒才漸漸緩和下來。我不知道下個禮拜回來走最後一趟的我，會比現在還更激動嗎？還是我會更平淡地看待這一切呢？我不知道。現在唯一要做的，就是發動車子，前往下一段旅程。再會了，我的愛。

從探測閘門走出來這條短短的路，我其實走了將近兩年。從質疑生命的意義、對職涯道路感到迷惘，到實際計畫且行動，最後達成我給自己設定的目標，才下定決心選擇這條自己不會後悔的道路——離開公司。

原本的工作對我而言，已經變成了很舒服的舒適圈，當我拓展自己的舒適圈後，發現其實我可以擁有更多的選擇，也因此看見不同於以往的職涯道路。我們要有更多選擇，就要先跨出舒適的領域。而當我們有機會做出抉擇的時候，可以用什麼方式來思考，避免產生後悔和遺憾。接下來，我將分享我是怎麼做出這個重大的人生決定。

Step

13

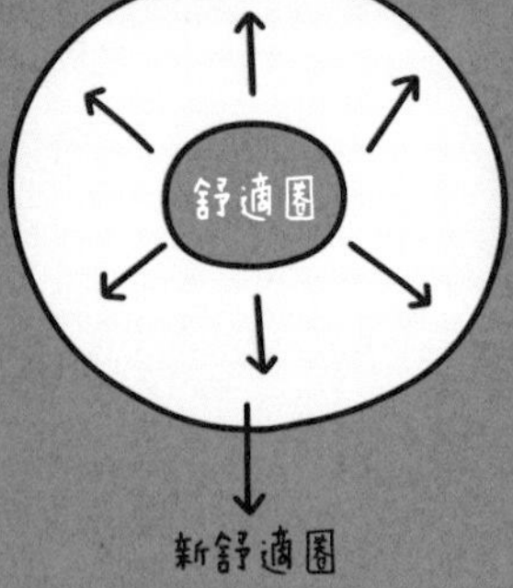

踏出舒適圈的勇氣

生命格局的大小取決於勇氣的多寡。

——美國作家　阿內絲 · 尼恩（Anaïs Nin）

• • • •

做出離職的決定之前，我曾經先透露給一些身邊的好友知道。他們第一個反應是問我：「你好不容易才爬到這個職位，為什麼要離開舒適圈？」我覺得這是一種很常見的誤解。

我們很容易只以結果來判斷事情，所以往往只關注「舒適圈內」和「舒適圈外」的兩種狀態的差異，卻很少細究其中的過程和原因。我先分享一個過去我如何把舒適圈慢慢向外拓展的有趣過程。

把陌生領域變舒適圈

在剛踏入職場的時候，我是一個十足的內向者。我擅長獨力執行專案、製作圖文並茂的簡報、透過 Email 或書面資料向上級匯報專案的進展。這是我一開始在職場上的舒適圈。但是，每當要上台簡報時，面對會議室滿滿的同事和主管，我內心總是十分緊張，我每次都把沒有操作滑鼠的那隻手藏在身後，避免被別人看到我的手在發抖。

在報告的時候，我講話經常愈講愈快，有時候一句話還重複講好幾次。我曾經因為自己是內向者，安慰自己不需要太勉強，不要刻意嘗試那些自己沒有天分、本來就不擅長的事情。

直到主管留意到了我的狀況，鼓勵我要多爭取、多舉手、多發言，把講話和演說的技巧練好，對未來的職場發展有很大的加分效果。我留意到，在職場上表現出眾的主管，他們口語表達和口頭簡報的能力，都是在平均值之上。儘管有些主管平時看起來文靜木訥，但一旦他們上台做簡報，就像是換了一個人似的，變得侃侃而談、神色自若。

經過幾番思量之後，我才接受一個事實，不論未來的工作如何，表達能力和口語簡報的技巧，都是一項「必要」的技能。因此我決定踏出那不舒適的一步：提升自己口語簡報的能力。

之後每當要報告之前，我就會準備一份大綱和細項列表，先在心裡面默背起來，上台的時候照稿演出。在會議室對自己部門的同事們練習久了，我開始瞄準下一個更大的目標，參加公司內部的簡報競賽——面對評審和上百名的聽眾。

我印象最深刻的，仍然是第一次的準備經驗，我稱之為「過分充足的準備」。在正式比賽的前兩週，我把一場限時三分鐘的報告，寫成一份純文字版的「口語稿」，請我的同事和女友幫我看過之後，給我建議。果不其然，第一版口語稿寫得文謅謅的，我根據他們的建議逐字修改，後來寫成一版更口語化的版本。

在比賽的前一週，我把整份口語稿背誦下來，每天下班之後在心裡默背，然後再講一次給我女友聽，讓她挑毛病、給建議。我透過反覆不斷的背誦練習，把整份講稿記得滾瓜爛熟，連作夢的時候都夢到自己在台上演講。直到這個時候，我才有餘力去調整自己講話的抑揚頓挫，針對想要強調的關鍵字，放慢語速。

在正式比賽上台時，面對台下的評審和兩百多名觀眾，我的心情雖然緊張，但是我腦中理性的聲音告訴我不用擔心，無論自己的臨場表現怎麼樣，我都有信心可以把講稿內容一字不漏地說出來。

就這樣，我完成了第一次的大型簡報比賽，取得一個中等名次的成績。透過第一次的經驗，我知道這個過程是有效的：過分充足的準備，加上反覆的刻意練習。

此後，我從工程師晉升到主管的過程中，參與了無數場的各類競賽發表、內部教育訓練授課、協助校園招募對學生的演講。從第一次需要超過 20 小時的練習，到第二次變成 15 小時的練習……隨著上台演說的次數增加，我需要準備的時間逐漸遞減。

轉職到台南新工廠工作後，我又參加了一次公司簡報大賽，賽前我完全沒有寫演講稿，只看投影片就開始直接說故事，把整個簡報脈絡記在腦海裡，甚至還能倒背如流。雖然我在上台的前一週還是在心中演練，但跟剛踏入職場的我已經截然不同。正式上台演說的時候，我覺得自己不是來參賽，而是來分享的。正因為心境的轉換和長期練習的累積，我的表現反而更從容、更流暢，最終獲得了首獎的肯定。不知不覺，公開演說已經變成了我的新舒適圈。

我相信，儘管是我們原本不擅長、感到不舒適的事情，**只要有目標、有計畫、有方法、有行動地逐步執**

行，無論快或慢，都會持續進步。人的能力是會成長的。

踏出舒適圈是為了提升能力

「舒適圈」的最普遍定義是：一個人所處的一種環境的狀態和習慣的行動，人會在這種安樂窩的狀態中感到舒適，並且缺乏危機感。為什麼舒適的環境不待，偏要跳進一個讓自己不舒適的環境受苦、擔心、害怕呢？如果單純強調不舒適的痛苦，才沒有人會願意這麼做。

我認為所謂的踏出舒適圈，並不是為了「刻意讓自己不舒服」，強迫自己踏出去，而是為了一個潛在的可能性：抵達下一個階段的舒適圈。這才是踏出舒適圈的原因，因為下一個階段的我們，有可能「更舒服」。

接著是抱著提升自己的心態，從那些不舒服的體驗當中學習。我們並不是刻意追求痛苦，而是樂於在辛苦和不舒適的新環境茁壯，成為一個更好的自己。這就是過程，我們可以一隻腳踏在原本的舒適圈裡，借助原本舒適圈的優勢，再把另一隻腳踏進不舒適的環境，學習建立新的優勢。

當我們先看到背後的願景，內心嚮往下一個階段的舒適圈，才會對過程中的不舒適甘之如飴，更有目的、有計畫地行動。擬定計畫地踏出舒適圈，是一種投資；缺乏計畫地跳脫舒適圈，只是一種賭博。

踏出舒適圈是為了探索職涯

很多人認為，我從台積電離職，是一個踏出舒適圈、很有勇氣的決定。甚至有讀者問我，該不該像我一樣果斷地離職，做自己想做的事情？該不該大膽投入自己的斜槓事業？我認為這都言之過早。

我的建議是，除非自己很清楚踏出舒適圈的「原因」和「過程」，而且確認了「結果」是符合自己所需的，否則不要貿然離職。

對我而言，離職並不是離開一個原本舒適的地方，刻意讓自己受苦。完全相反，離職的原因是為了要無縫接軌下一個階段的舒適圈——身為自由創作者的舒適圈——這只是一個狀態的切換。

我在找尋人生和工作的意義之後，開始了向內認識自己的旅程。我逐漸挖掘自己擅長又喜歡的事，透過「斜槓」的方式對職涯進行更多探索，試著做一些不是原本舒適圈內的事情：撰寫讀書心得、架設部落格、錄製 Podcast 等。

在職場累積能力和底氣

在這個「過程」當中，我是一隻腳站在舒適圈內，一隻腳踏出舒適圈外嘗試。舒適圈內指的就是我的正職工作，尤其當我們回顧這本書前面的所有章節，就會發現一個共通的特徵：我所有對於斜槓的嘗試，其背後的能力、方法和策略，幾乎都來自我在公司工作時的學習。正因為在職場累積的經驗和條件，讓我可以開始嘗試新的事業。在職場奠定的基礎，是我日後嘗試打造夢幻工作最好的養分。

因此，在我們達成「以個人興趣為業」的目標，或者是找到另一個更好的轉職選項之前，不要貿然地放棄正職。特別是對於想要打造一個長期事業的人而言，許多商業模式創造出來的價值，不是當下立即可得的報酬，而是隨著時間的積累才逐漸浮現的成果。你可以問問自己，少了正職工作的薪水，會不會造成經濟壓力？因為若只求溫飽，會使人著重在各種獲利的手段，用時間和精力去換取金錢，而不是關注於創造長期的價值。

在我們的斜槓工作尚未獲取價值時，盡量透過正職讓自己維持基本生活所需、累積和建立人脈、精進工作技能、不用過度擔心錢的事情。一旦擁有這樣的基礎，才能讓我們保持自由嘗試、自由創作的心態，擁有追逐和打造夢想工作的底氣。

斜槓的起點不是斜線，而是問號

關於斜槓（／）這個符號，有一個常見的迷思。很多人以為斜槓是多采多姿的生活、五花八門的成就，像是「專家／作家／藝術家」，我們想要自己的頭銜看起來像這樣嗎？但是當我們愈急著在斜槓後面填上頭銜，反而愈難獲得長久的成功。

我認為，斜槓這個符號在一開始應該要是一個「問號」。它讓我們必須反問自己，我們究竟想要什麼？我們能創造什麼價值、解決什麼痛點？什麼事情會讓我們感到快樂？什麼事情能豐富我們的人生？每天醒來後，做什麼事情能讓我們充滿活力？

斜槓的起點是問號和動詞，斜槓的終點才是斜槓和名詞。「提問」和「行動」是我們最好的燃料。斜槓只是結果，問號則是過程。

TED 負責人克里斯・安德森（Chris Anderson）曾經提過一個類似的看法，他說不要太早追隨熱情，尤其對年輕人來說，「追隨熱情」或許是個糟糕的建議。因為當我們還不知道自己哪項能力最強，什麼才是自己所愛、什麼機會最適合自己的時候，倒不如先追求學習、紀律和成長——盡可能去了解自己好奇的事物，使勁地學習；在生活安排一些固定的活動，保持自律的步調；不滿足於既有的能力，抓住每一次成長的機會。他認為，短時間內在職場練功，或者支持別人的夢想也沒關係，有一天，熱情會來到我們的耳邊低語：「我準備好了。」

那些找到人生方向、擁有自己熱愛事業的人，並不是一開始就知道自己要做什麼，他們都是在有了足夠的經驗和能力之後，再加上適當的機遇，才找到自己真正熱愛的事業。

斜槓並不是三分鐘熱度，反而是最需要耐心的一項事業。成功打造夢幻工作就像釀酒一樣，需要時間，但是每個人的時間不同，有些人是啤酒，有些人是葡萄酒，有些人是高粱酒。如果我們沒有足夠的耐心，急著提早打開罈子，最後只會得到一罈醋。

訣竅在於，**我們要知道自己在釀的是什麼酒**。年少有為不是常態，大器晚成才是。認識自己、保持專注、持之以恆、繼續精進，才是最終釀出好酒的關鍵。雖然打從一開始，「成為創作者」對我來說是一件不舒適的嘗試，但隨著我明白自己嘗試的原因、享受嘗試的過程、確認了嘗試的結果符合自己想要的，這件事情最終才成為了我的新舒適圈。

在職斜槓或在職創業，就是讓自己的技能和時間充分發酵的最好方式。

跳脫思想舒適圈是為了得到洞見

還有一種不容易踏出去的舒適圈，那就是我們腦中「思想的舒適圈」。我們習慣支持和肯定自己的想法，不喜歡聽到反對的意見，更討厭聽到質疑自己想法的聲音。一旦我們在自己思想的舒適圈待久了，反而會導致思考偏誤和一廂情願。

而我在「離職的決定是否要和家人商量」的事情上面，學到了寶貴的一課。關於是否要與家人商量，我身邊的朋友有兩派說法。

其中一派的說法是，不需要和家人商量，想提離職就提，長大了應該自己做主。提完之後再安撫家人就好了，反正木已成舟，還能避免不必要的紛紛擾擾。

另一派的說法是先和家人商量，讓他們有一個心理準備，也可以讓他們把擔憂先提出來，討論清楚未來的規劃，大家都商量好之後再做出謹慎的決定。

當時的我面臨兩難，因為兩種做法都有道理，也各有優缺點。我本來是傾向不先跟家人商量，事後再告訴家人，這個選項會讓我短期內非常輕鬆，只要自己決定好就好了。但我預期這會造成家人的強烈不滿，而且對我會有很多的怨懟。先斬後奏的方法，恐怕會讓彼此的信任產生裂痕，我得承擔無法被諒解的風險，而且我從這件事情上，也學不到任何東西。

我接著想，那如果要先和家人商量，該怎麼辦呢？我必須準備好充分的計畫、說帖和退路，讓家人可以聽得懂我想做的事情、想離職的原因，以及我如何確保自己可以過得好好的。我預期這個選項會很辛苦，必定會遭受想法保守的父親強烈反對，而且我沒有十足把握能夠說服他。

商量這條路，必定很辛苦、很不舒服，但是家人會感受到我願意溝通的誠意，而且我從這件事一定會學到一些新東西，或者得到一些新的刺激。我光是想像自己即將進行「這輩子最困難的溝通」，就感到興奮不已。

當我鼓起勇氣，第一次向家裡提出離職的想法時，果然遭受到強烈的反彈和質疑。

「好好的工作不做，要去當網紅？」

「現在沒有人在看書了，你知道嗎？」……更難聽的我就不寫了。

此後，我和家人通電話時，尤其是我爸，經常講沒兩句就開始說出情緒性的話語。在經過兩、三個月，彼此都沉澱了之後，我爸用 Line 傳了一段長篇訊息給我，裡面列出了「十道難題」，要我一一回覆。我讀到訊息的當下，情緒是憤怒的，因為這些問題都很直接，是毫不留情的直球；但我的理智是感動的，我知道我爸電腦打字和手機打字都很慢，要列出這些問題一定花費了他很多時間。

我知道他想認真跟我討論，因此我也認真地一一撰寫這十道難題的回答。

問題一：當初內部轉職做這份新工作「台積電南科建廠」的理由跟期望是否還在？

理由是原本的工作變得舒適，自己想嘗試新東西，學習一個半導體工廠如何運作。

我期望兩年工作上手後，就轉換跑道，無論是公司內部轉職，或者離職轉業，都可以是選項。

問題二：想從轉業之後的工作裡獲得什麼？

自己能掌握工作時間的自由。自己能掌握工作目標的自由，享受幫助別人的快樂，成為對別人有幫助的人。

發揮影響力，影響數千、數萬人，帶給別人啟發、改變別人生命的快樂，遠高於自己能夠賺多少錢。而不是整天開會、寄 Email、被老闆唸、唸下屬的固定生活。

問題三：轉業後有沒有更好的發展機會？

以金錢來說，公司每年加薪幅度不到百分之十，天花板有限。如果考量升遷，雖然會有百萬等級的差別，但是要付出的心力和面對的壓力，是更巨大的。

以能力來說，轉業在起步時一定是艱難的，但未來的成長潛力是無限的。即使在公司做到更高的位置，面對的是更多的會議、做更多的決策、處理更多人事溝通的事情。但我希望自己下一階段的人生，可以培養不一樣的能力，試著發展更多元、更輕鬆的獲利方式。

問題四：想離職轉業的原因是什麼？

我想證明這件事：「每個人都有能力決定自己的人生要怎麼過」。但最諷刺的是，我的年薪這麼高，反而失去了這種勇氣，反而更難放手一搏。有趣吧？而我有太多的想法想要發揮，太多的事情想要執行，現在的工作雖然很舒適，但我不是一個喜歡安於舒適的人。我認為踏出舒適圈持續嘗試，才是更有趣的生活方式。

問題五：新舊工作的工作內容可否銜接？

我在原本工作累積的經驗、技能和能力，可以帶到我的新工作，也具有說服力。我也在新工作上，沿用了很多以前工作的經驗。

問題六：離職轉業換工作能解決現在的問題嗎？

我想請您想像一下這兩種人生。

第一種：我在台積電繼續做，做得仍然不錯，升官發財，結婚買房，舒適過下半輩子。這種標準人生，我「已經」想像完了，也完全可以體會那種舒適感，我為什麼要選擇「再」過一次這樣的人生？

第二種：離開台積電，朝未知的機會全力拚搏，我只知道半年後大概可以做到什麼程度，但我不知道一年後、兩年後，我可以發展成什麼樣的角色，達成什麼樣的成就。五年後，我能發揮的影響力有多少？十年後我改變了多少人的生命？一切都是令人畏懼，卻又萬分期待的冒險。

「人生，就像只能體驗一次的電影。」上面這兩部電影，您會選哪一部？（老爸回我說他選第一部，不意外……）

問題七：離職轉業收入不如預期可以活多久？

以我現有的資產，依據投資理論的保守估計，如果離職最差的情況是完全沒有新的收入，那以我一年花費大約五十萬台幣來計算的話，可以用一輩子。

問題八：離職轉業是不是好時機？

沒有人知道什麼時機叫做好時機。創業最好的時機是「十年前」，第二好的時機是「現在」。或許，我會錯過台積電飛黃騰達的下一個十年，錯過爽領薪水的人生；或許，我的新事業不成功，回頭選擇薪水比較低的工作；

也或許，我創造了屬於自己的工作，然後活得更精采。

問題九：離職轉業不如預期時想再回科技業，時機、年齡可有考慮？

如果轉業之後的結果不如預期，大約會是兩年之內的事情，到時候自己 36 歲了，仍然可以藉著台積電副理的經歷和專業技能，到任何一家科技業求職。

問題十：成為自由工作者前的省思及優缺點？

省思：簡直是瘋了，為什麼要放棄年薪 300 萬？回想一下我上面說的第一種舒適、可預期的人生。我們都有選擇權，在只有一次的生命中，您想體驗哪一種？

優點：擁有自我滿足感、自我實現感，做著自己創造出來的工作，讓自己的這份事業成長茁壯，達成除了「錢」以外的目標。如果事業成功，「錢」只是隨之而來的東西，從來不是我賣力奮鬥的重點。就我知道，往往是這種人，才真正會賺大錢。但是也往往是這種人，覺得錢乃身外之物，反而更容易獲得自我成就感與財務上的富足。

缺點：即使無法賺大錢但也不至於餓死，缺點就是沒有更多的錢，沒辦法過更好的物質生活，年邁後可能會面臨其他風險，有可能失去金錢和面臨不穩定的生活。

跨出舒適圈不必義無反顧，也可以保留退路

我上面好像講得很豁達，但是其實我是很恐懼的，也遲遲不敢真正跨出離職這步。但是爸爸的第七個問題讓我認真思考備案，我可以主動跟公司談一個緩衝期，保留某一段時間之內復職的條件，當做一條安全的退路。當我跟主管提出這個想法時，竟然馬上就被接受了。如果沒有我爸的提問，我的死腦筋壓根就沒有想到這條路。

跟爸爸第一次、第二次、第三次地往返訊息，我逐漸釐清他的疑問，也試著解釋我的說書事業是怎麼一回事。他拋出的諸多問題，讓我獲得新的洞見，像是更全面地規劃我的財務、更好提出離職的時間點、需要提前做更完備的準備。

儘管我們有著不同的價值觀，但是我讓他理解了我的價值觀，我也同時理解了他的。在一次又一次的衝突和溝通當中，我們彷彿比以前任何時候都更靠近彼此。

我不會讚揚他給出的建議，但我卻對這些建議永遠感激。他向我提出一堆毫不留情面的「反面想法」，對我的如意算盤產生了巨大的震動，卻反而幫助我成為一個內心更強壯、思考更周詳的自己。

他將我推出思想的舒適圈，拋出一堆令我不舒服、起初不願面對，最終卻還是得認真思考的難題。他以一種出乎意料的方式，完整了我夢幻工作的最後旅程。

關鍵心法

1. 踏出舒適圈的訣竅是，一隻腳踏在原本的舒適圈裡，借助原本舒適圈的優勢，再把另一隻腳踏進不舒適的環境，學習建立新的優勢。
2. 記得你是為了下一個「更舒適的可能性」，選擇接受磨練。每抵達一個舒適圈，就朝向下一個更舒適的可能性繼續前進。
3. 仔細觀察你身邊那些常提出跟你相反意見、真正關心你的人，他們會幫你跨出「思想的舒適圈」，找出自己不曾發現的洞見。

Step
14

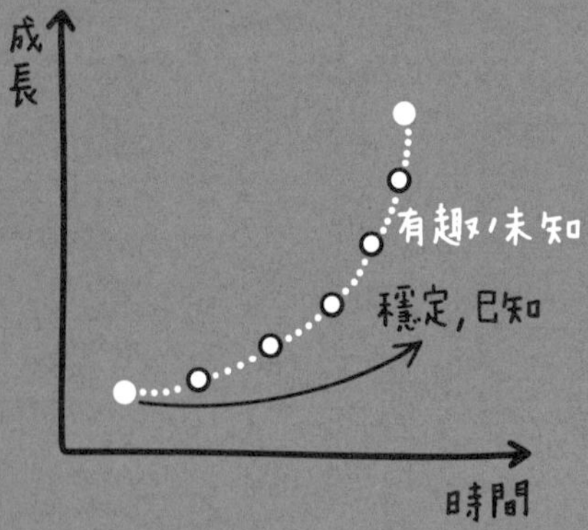

做出抉擇的思考方式

果敢行動只會片刻失足，不敢行動則會失去自我。

——存在主義哲學之父　齊克果（Søren Aabye Kierkegaard）

• • • •

邁入職場的第八年，我從新竹開發團隊轉職到台南新建工廠，平日跟在竹科工作的女友分隔兩地。我會在週一凌晨四點半從新竹開車前往台南，週五晚上或週六早上再開車回新竹，兩年半來累積了九萬多公里的里程。

有一次前往台南的路上，我看到高速公路上有一輛特斯拉（Tesla）直挺挺地插進一台翻倒在路中央的貨車。後來我看新聞才知道，那輛特斯拉是因為自動駕駛的關係，在完全沒有減速的情況下，撞進了已經翻倒的貨車。而事發之後沒過多久，我從旁邊開車經過，那個畫面至今仍餘悸猶存。

當時我心裡面瞬間閃過一個想法：「如果我明天就死了，我算是活了一個不虛此行的人生嗎？」在那個時候，離職創業的念頭再次強烈地湧上我的心頭。

2021 年初，我開始安排離職計畫，也跟家人和伴侶做了溝通，但是我一直無法跟上級啟齒。直到四月的清明連假第一天，太魯閣列車發生了四十年來最嚴重的出軌意外，奪走了五十條生命。原本我跟女友訂了那班火車要去花蓮玩，因為臨時取消，我們跟這起意外驚險地擦身而過。當天看到新聞，女友哭了。我反而因為太過震撼，當下有點麻痺，直到傍晚，我才感受到與死神擦身而過的恐懼，在骨子裡蔓延開來。

隔一週，我就向上級提了離職，我知道每一天都很珍貴，心頭想著，新聞給我最大的幫助，就是教會我人生的短暫和無常，以及自己有多麼幸運。我們可以每天健健康康地醒來，都是一件很幸運的事情，這絕對不是理所當然。對死亡的敬畏，驅動著我做出決定，也讓我明白有些事情不能拖延。

雖然回頭望去，這是一個很大膽的抉擇，可是將時間再往回倒帶，我在做出這個抉擇之前，已經思考和規劃了很久。而我所學到的一些思考方式，漸漸幫我形塑出自己的判斷，引導我選擇自己最嚮往的那條路。

接下來我想分享對我非常受用，三種做出抉擇的思考方式，願我們都能在適當的時機，做出明確的抉擇。

用「預設生存，而非預設死亡」來思考

當我們在思考人生重大抉擇的時候，像是離職、轉職、投資、創業、成家等，乍看之下都很像是一個無法回頭的冒險。我認為有一個觀念可以幫我們做出更好的判斷，那就是思考，我們所做出的選擇，會讓我們「預設生存」？還是「預設死亡」？

這個觀念是源自於矽谷新創教父保羅．葛拉漢（Paul Graham）的見解。他跟很多新創公司交談時，經常會問一個有趣的問題，那就是在公司的支出固定、成長率不變的狀態下，他們可以仰賴剩下的資金，達到最終的獲利目標嗎？簡單來說，就是按照目前的情況運作下去，他們能夠繼續存活，還是會邁向死亡？

令人驚訝的是，很多新創公司的創始人往往不知道自己的狀況，甚至連剩下的資金可以支撐公司運作多久都不知道。他們心裡充滿了對未來的過度樂觀——如果可以募得下一輪資金就好了。如果募不到資金怎麼辦？如果營運不下去了怎麼辦？只好倒閉。這就是預設死亡。

不要把未來寄託在期望上

但是對於個人而言，我們得千萬避免讓自己走上「預設死亡」的道路。以離職創業的抉擇來說，可以試著用這項觀念來思考看看。

第一種人，在副業還沒有成形的時候，就擁有一個商業想法，然後一心想要離職創業。如果再加上缺乏財務規劃，還沒有穩定的被動收入或其他的金錢來源，就想要貿然離職創業的話，就很像上面提到的那種創業家，把自己的存活放在未來的樂觀期待上。這條路是預設死亡，因為他把自己存活的機會，完全交給不可控制的外部因素，就像創業家把希望寄託在募得下一輪資金一樣。

第二種人，是在正職的備援之下，多方嘗試各種商業點子，找到一個有商業價值的痛點之後，就全力規劃、執行、檢查、改善。針對一個已經有獲利的產品或服務，持續精進它的品質和內容，同時建立起品牌形象和受眾族群。他也會處理好自己的財務，透過累積的資產建立被動收入和購置保險。直到他發現自己的副業收益已經逐漸跟正職的收入貼近，他才考慮正式提出離職，做出轉換跑道的決定。倘若他離職了，他會把自己的存活關鍵，放在持續精進原本就已經有商業市場的產品或服務上。這條路就是預設存活，儘管之後的發展速度不如人意，他也已經有一個穩定的收入來源、基本的商業規模，讓他可以持續地經營下去。

把未來寄託在可以控制的事上

如果我們想打造一個理想的工作型態，「在職斜槓」就是一條穩健的「預設生存」的道路。

想像一下，當自己在這條通往夢幻工作的「跑道」上面奔跑，我們可以控制的就是：跑步的姿勢（我們的職業）、呼吸的調節（工作和生活的比例）、步調的快慢（資產的多寡）、意外受傷時的保護措施（保險和遺產）。把這段旅程當成一場馬拉松，而不是短跑。要用準備馬拉松的心態來跑，做好職業技能與財務配置的規劃，讓自己樂在其中、堅持到底，專心改變那些我們能夠改變的事情。

夢幻的工作都不是一夕之間被找到的，而是存活得夠久才被逐步打造出來的。

因此，我們在做出抉擇時要預設生存，而非預設死亡，活得夠久的人才能笑到最後。不是急著找一個能賺錢的商機，而是找一個餓不死的獲利模式，然後在這個模式之下持續採取行動。當我們保持敏銳的觀察力，透過行動、實驗且定期檢查去找出可行的方案，屬於我們的機會就會逐漸浮現出來。

預設死亡仰賴的是運氣，而預設生存仰賴的是自己。

祝福「平行時空」的自己

有許多的科幻電影和漫畫都提過「平行時空」的概念，特別是近幾年當紅的漫威超級英雄電影，更是將平行宇宙融入劇情，讓觀眾大呼過癮。平行時空的觀念，改變了我對人生的看法，幫我做出一些不容易的重大抉擇。而讓我對平行時空徹底改觀的一個契機，是我讀到《人生複本》（*Dark Matter*）這部膾炙人口的暢銷科幻小說時。

書中的主角傑森是一個很重視家庭和妻子的科學家。有一天晚上他跟老婆孩子簡短道別，想出去跟朋友喝酒聊天，他答應家人晚一點會帶冰淇淋回來。直到半夜，他再次回到家門，一切都變了。家裡沒有太太、沒有孩子，家具隔間全都不是他記得的樣子，甚至連他自己都不是自己……突然有一個歹徒現身要逮住他，他開始逃亡。

直到傑森跟歹徒對峙時，才發現對方口裡描述他的根本是完全不同的傑森。對方口中的那個傑森，沒結婚、沒成家，完全孤立於世，人生只剩下工作，甚至還在研究上拿到傑森早已放棄的大獎。這到底怎麼回事？

原來主角遇到了來自平行時空的自己。

在後續劇情的開展中，他遇到了更多來自其他時空的自己，看到他們當初做出不同抉擇之後的模樣。他也到了其他時空看到許多其他的自己，在做他從沒想過的事情。

或許是因為書中的反派傑森，對於工作接近痴狂的態度跟以前的我很像，所以我完全沉浸在故事中，我彷佛感覺到，我跟不同平行時空的自己對話的樣子。

珍惜你的選擇，祝福其他時空的自己

這本小說對我的啟發，徹底改變了我之後做出抉擇的思考方式。像我在思考是否該離職的時候，就在腦中想像兩個不同平行時空的人生。

第一個平行時空是選擇「不離職」，繼續做著我本來就擅長、待遇又高、人人稱羨的半導體科技業工作。這條路很簡單，很平順，我已經完全可以想像到，自己在其他平行時空的一千種安逸生活，有些做得比較好，有些做得比較差。如果選擇繼續在公司，無論過的是哪一種樣子的生活，我都不再對那個我抱有任何期待。就算有一千個不同的我選擇繼續任職，也是活出一千種大同小異的人生。

另一個平行時空是選擇「離職」，投入說書事業。這條路比較有挑戰性，充滿不確定性，但是我會感到更有樂趣，我能嘗試不同的生活型態，開啟更多的可能性。對於未來的自己，我雖然無法清楚描繪他會是什麼樣貌，也無法想像離職之後的人生會遇到多少驚喜，但正是因為這樣，反而令我充滿期待。

基於這樣的思考方式，無論我做出哪一種決定，在未來的每一個時間點，我都有無數種人生，正在不同的平行時空中生活著。

而我是有選擇的。我最關心的是，在這個時空的我，是否以最有活力、最勇於面對挑戰、最有意義的樣子活著。

我明白自己在短暫的人生旅程內，沒辦法做完所有事，所以就挑選那個最有趣、最想要看到自己雙手實現的那條路走就好了。而其他的路，在平行時空的「另外一個我」也正在走，他一定會盡力，也會獲得成功，我們只要祝福他就好了。如此一來，我們的內心就會有滿滿的祝福，也會珍惜自己在這個時空所做的選擇。

羨慕別人的人生，等於浪費自己的生命

平行時空的思考方式，可以避免我們落入「吃碗內看碗外」的陷阱，明明捧著自己的飯碗吃，卻老是肖想別人桌上的菜餚，覺得別人的都比較好。如同克利爾曾經分享的一個觀點：「許多的美好機會，都毀於對更好的幻想。」

如果從事別的工作或搬遷到別的城市，我們的職涯會更成功嗎？可能會，可能不會。但是，如果不對現在的工作給出承諾，不拿出全力，我們肯定會感到痛苦。

我們在前後不同的感情關係裡面，會知道哪段關係比較快樂嗎？也許會，也許不會。但是，如果擁有一段關係，卻同時想著外面有更好的選擇，我們肯定不會快樂。把時間花在嚮往未曾活過的人生，哪怕只是一分鐘，就等同失去一分鐘的時間，去創造自己的人生。

朝「避免後悔的方向」做決定

我在做出抉擇的時候，還會思考一個層面是關於「後悔」。沒有人想做出令自己後悔的決定，對吧？如果

我們不希望對自己做出的選擇感到後悔，可以試著借鏡老年人的經驗。畢竟從他們的人生閱歷當中，體會到的後悔肯定比年輕人來得深刻許多。

澳大利亞作家兼歌手布朗妮·威爾（Bronnie Ware）曾在安寧照護所擔任八年的護士。這段期間，她在部落格上記錄年老病人的故事，以及他們在人生最後一段日子裡最懊惱的遺憾。最多人感到遺憾的事情是：

1. 希望有勇氣過自己真正想要的生活。
2. 希望以前沒有那麼拚命的工作。
3. 希望有足夠的勇氣表達自己的感受。
4. 希望能夠和朋友們一直保持聯繫。
5. 希望已經讓自己成為快樂的人。

若我們明知臨死前「有可能」對這些事情感到後悔，那麼現在做出的決定，或許就能朝「避免後悔」的方向去思考。

我最喜歡應用的方法是亞馬遜（Amazon）創辦人傑夫·貝佐斯（Jeff Bezos）在《創造與漫想》（*Invent and Wander*）中提出的「遺憾最小化框架」。他的意思是說，只要我們去想，當自己活到了八十歲時，回頭看此時的自己，會不會因為沒去做某件事，或做了某件事而後悔不已，藉此評估到底要不要執行。他用這個思考方式，做出人生的各種重大決策。

寧可試過，不要錯過

當我在考慮是否離職投入說書事業時，我試著去想，如果我現在不離職，等到過了五年、十年之後回頭看，可能有以下三種情況。

第一種，如果我看到另外一個人做了我原本想要做的事情，一定會後悔萬分，心中充滿一種「那個人應該是我」的遺憾。

第二種，如果之後還是沒有人做我原本想要做的事情，我也會感到懊悔。我一定會一直掛念著另一個平行時空「已經做出離職決定」的我，他的生活會不會充滿了挑戰和樂趣，會不會充滿了我意想不到的精采？

第三種，如果選擇離職，卻做得不夠成功該怎麼辦呢？沒什麼大不了的，因為失敗和困境都只是一時的，可是遺憾卻是會跟著一輩子的。在「預設生存，而非預設死亡」的前提之下，我有無限長的人生跑道，可以繼續嘗試和改進。

我認為避免「後悔」比避免「失敗」來得重要許

多。人生最大的後悔，都是那些我們沒有做過的事——沒有接受的工作、沒有說出口的愛、沒有去追逐的夢想。**我希望自己寧可在多年後說「我試過了」，而不要讓自己鬱悶地說「我錯過了」**。

試過，會學到東西；錯過，只會留下空虛。願我們做出的每個決定都是無悔的。

相信你能挺過失敗

每當我的內心上演離職與否的小劇場時，我就會試著從書中尋找慰藉。當時我在《人生給的答案》（*Tribe of Mentors*）書中讀到一段訪談，令我深受震撼。在好萊塢劇本圈深具影響力的富蘭克林．倫納德（Franklin Leonard）被問到一個問題，過去五年以來，讓他生活變得更好的信念是什麼？他的回答是：「我人生的前三十三年都在避免失敗，但最近我開始不怕失敗，反而擔心不敢冒險，因為我相信自己能挺過所有失敗。」即便失去了現在擁有這份工作的資源，他還是相信自己能找到別的工作。

這句話就像一道閃電直接擊穿我畏懼又徬徨的心。在之後的日子裡，我在心中一次又一次對自己複誦這句話。當時我也正好三十三歲，在求學和職場的康莊大道上走得十分順利，我選擇師長和前輩口中勝率最高的路線，避免一切有失敗風險的選擇。但是這句話讓我不斷反覆思考，我如果因為害怕冒險，而繼續過著中庸的、卑微的、不曾犯錯的無聊人生，這有什麼意思？

反覆咀嚼這段話讓我逐漸理解到，以往培養的克服萬難和愈戰愈勇的精神，為的就是鍛鍊出能挺過任何失敗的韌性。我原本害怕的是「放棄」正職的選擇，但其實只是需要「轉換」職涯的勇氣。我終於明白，**無論我做出哪一種選擇，都沒有放棄過去的自己**，而是轉換一條跑道，忠於現在的自我罷了。

在這段過程中，壓力無疑是巨大的，苦惱必然是煎熬的。我不相信有所謂瀟灑地說出「管他的！」之後，從此展翅高飛的童話故事。任何缺乏縝密規劃的決定，大多是換來日後的懊悔和惋惜。人生才沒有這麼簡單。

但是當我們的抉擇是建立在「預設生存，而非預設死亡」的前提下，就可以透過「平行時空」的思考方式，朝比較有挑戰性和不確定性，以及自己最感興趣的方向，最後挑選出後悔程度最低的那個選項。

正是因為我終於調適好了心情，也設想好了長期可行的商業模式和計畫，最後才能下定決心做出抉擇。做出抉擇的過程，背後的心境轉變是我始料未及的，可以用這句話來總結：「世界上最大的監獄，是人的大腦。走不出自己的觀念，到哪裡都是囚徒。」我走出了自己腦袋的牢房，擁抱了心中的價值觀，最後做出離職的決定。不求完美，只求無憾。

關鍵心法

1. 在「預設生存」的道路上進行嘗試和冒險，而不是在「預設死亡」的道路上進行豪賭。
2. 可以運用平行時空的思考方式，選擇令你最感興趣、最有活力的一條路，珍惜它，並且全力發揮。同時，也祝福做出其他選擇的自己，他們都會很好的。
3. 試著用「遺憾最小化」的方式做選擇，寧可在多年後說「我試過了」，而不要鬱悶地說「我錯過了」。

結語

邁開腳步，路就會展開

「我好喜歡這一次你安排的行程！」我女友轉頭燦爛地對我笑著說。

豔陽高照，湛藍的天空和輕拂的海風環繞，在我眼前是一片美麗的濱海灣，高聳的大樓天際線和綠意盎然的庭園景觀盡收眼底。知名地標魚尾獅（Merlion）雕像豎立在港灣旁，遊客絡繹不絕地拍照。我在 57 樓高的無邊際泳池裡環抱著她，身後有棕櫚樹和沙灘躺椅相伴。我們正在新加坡濱海灣金沙酒店（Marina Bay Sands）的頂樓，這家酒店的外觀是三座巨型飯店建築頂著一艘帆船造型的露天場地，造訪過此地的遊客無不驚嘆。

我壓抑不住內心湧上的喜悅，回給了她一個輕吻。這份喜悅不只源自於眼前的美景佳人，還來自於另一份同樣刻骨銘心的悸動：自己真的改變了。

當時是 2019 年 8 月，是我們過去交往四年以來，「第一個」由我全權安排的出國自由行。對於許多人來說，這或許不是什麼難得的事情，但對我而言，卻是我生活態度的一百八十度大轉變。

以前，我覺得旅行要去哪裡都無所謂，反正只要時間到了搭飛機出國就好，到當地再走一步算一步。我從來不在意行程要去哪，反正我女友想去的地方她會自己規劃好，我只管陪著去就是了。一直無心經營和規劃人生，任由工作主導生活節奏的下場，導致女友差點離開我。自那之後，我才開始學習規劃和自主安排人生的大小事，而這一次的新加坡自由行，就是她感受到我明顯轉變的頭一遭。

在我後來主動規劃生活、經營部落格、錄製 Podcast 節目、決定離職創業的這一路上，我跟她的感情逐漸回溫，更甚以往。當我在撰寫這本書的時候，我充滿疑惑地問她：「妳覺得我寫這本書的內容，對讀者來說會不會太困難？如果讀者要持續努力這麼久才漸漸有成果，他們不會感到太辛苦而不敢嘗試嗎？」

「你也不是一步登天。而是你願意下定決心改變，才漸漸地改變了你後來人生的樣貌。」她接著告訴我：「從你決定自主規劃人生、規劃商業模式、開始採取行動、確實執行計畫的『那一刻起』，你整個人就已經改變了。」

我這才徹底明白，改變我人生的絕對不是後來的成果，而是每一刻認真投入的點點滴滴。

第一次搞懂訂房和訂行程 App 如何使用、第一次寫下年度和長期計畫、第一次描繪商業模式圖、第一次檢討執行進度和成果、第一次撰寫部落格文章、第一次錄製說書節目、第一次舉辦讀書會……好多個第一次。然後，接著的是好多個第二次、第三次……。

改變，發生在生命的某一刻。改變，也發生在後來的每一刻。

這本書與你分享的，就是我改變思想的歷程，是我改變行動方式的紀錄，是我改變人生和工作意義的經驗指南。最後，我們再簡短回顧這本書的重點。

活在當下，活出自己

在「畫出專屬你的人生地圖」這部當中，我提到認識自己的最主要目標，就是讓我們的「人生目標」和「職涯抱負」更協調且一致。當我們找出基於我們的核心興趣、共通特質、真心喜歡、又擅長去做的事，就會活出自己的特色。我們必須主動站出來定義自己的人生，否則別人會用很不精確的定義幫我們代勞。當我們懂得主動挖掘自己的幸運並主動分享出去，我們就能夠照亮更多人的生命。

生命既漫長又短暫，我們既是滄海一粟，也是耀眼流星。我們無法決定生命的長度，但我們可以決定生命的寬度。

英國詩人菲利普・貝利（Philip Bailey）曾經說過：「人生的意義不是活了多久，而是做了什麼；不是還有幾口氣，而是擁有多少智慧；不是倒數生命的盡頭，而是用心感受生活。我們應該用一顆心扎實地跳了幾下，來計算時間。真正活出生命的人，是最用心思考、認真感受、言行問心無愧的人。」靜下心，感受呼吸、感受脈動、感受不完美的平凡生活。**最幸福的時刻不是活得比別人更好，而是活得像自己。**

擺脫我們給自己的限制

在「先想像終點，才能規劃路徑」這部當中，我提到了在我們人生的最後被蓋棺論定時，希望別人會怎麼評論自己。我們可以描繪出自己未來的樣貌，試著用「十年願景」和「兩年封面故事」擬定前進的方向，並開始向前挺進。我們還可以透過商業模式圖，規劃自己想發揮的價值、善用自己的優勢領域，打造一個能創造人生財富的獲利模式。我們也會盤點心目中的角色楷模，擬定圍繞著「北極星」指標的微型目標，確實執行、經常檢視。一旦我們走在前往目標的方向上，我們會逐漸擺脫舊的限制，成為一個截然不同的、更好的自己。

在讀《刻意練習》之前，我認為很多事情只能夠仰賴天賦。在讀《子彈思考整理術》（*The Bullet Journal Method*）之前，我不會去規劃自己的人生。在讀《與成功有約》之前，我不懂高效能的領導者怎麼想。

一直以來，那些由別人告訴我們「不可以」、「你不會」、「你不行」的侷限信念，正在束縛我們的潛力。這些年來廣泛閱讀的經驗告訴我，原來解開自己大腦枷鎖的萬能金鑰，就是持之以恆地朝向目標前進，並且持續實踐、檢視、改善。 如同心理學家韋恩．戴爾（Wayne Dyer）曾說過：「有個彌天大謊：我們是有侷限的。其實，我們受到的限制，只有我們相信的那些限制。」

透過盤點自己與目標的距離與路徑，向前勇敢邁進，擺脫我們給自己的限制。

享受沿途的愉悅更容易成功

在「保持動力的三種方法」這部當中，我首先提到「自主」的重要性，我們要懂得運用一套追蹤過去、釐清現在、設計未來的系統，幫助自己掌握人生主導權。接著是「學習」，我們要相信自己能學會任何的技能。不要擔憂自己會的東西太少，而是優先掌握「如何學習」的技巧，之後的人生才會走得事半功倍。最後是「關係」，我們可以想像做某件事的 Big Picture，見樹之前要先見林，當我們心中有「林」，就能激發強大的動力，助我們克服萬難、持續前進。

「成功」就像是攀爬到了某一個特定的位置，在登頂的時候令人感到一瞬間的快樂和滿足。成功是歷經千辛萬苦之後的大型狂歡。

「幸福」並不一定要攀爬到某個特定的位置，而是在攀爬的過程當中，你如何度過這段時光。幸福是每一天都能體驗的微小愉悅。

我們的一生當中，有數不盡的山等著我們去爬，但我們不一定要把快樂都捆綁在山頂之上。掌握自主、學習和關聯的三個心理需求，有助於我們維持動力，建立更強韌的心智，在這條路上持續挺進。有趣的是，那些懂得把微小愉悅分散在沿途路上的人，反而更容易登上山頂。

不要期待「沒有問題」。一個沒有任何問題的人生，能力是停滯的，視野是僵固的，表面上看似順利，但實質上卻在原地踏步。

總是期待遇到「好問題」。一個持續精進的人，會對一成不變的事物提出好問題，找出改變的機會。在他們眼中的任何困難和挑戰，都只是待解決的好問題。進步，來自於持續解決一路上碰到的各種困難。

不要期待「沒有問題」的人生，而是期待充滿「好問題」的旅程。

快樂不在坦途，而在永不屈服

在「啟程後的循環式優化」這部當中，我提到「完成」比「完美」重要，與其追求完美，不如追求實用性。我也提到了行動的節奏在於有效的短程衝刺，再搭配後期穩定輸出好成果的馬拉松配速。在啟程之後，我們會遭遇很多的不如意、失敗與挫折，在這當中透過 PDCA 的優化策略，持續檢查、實驗、改善、放棄和拒絕。我們不能期待一帆風順的進展，而是要有一套方法來妥善面對與處理。

回想我自己經營部落格的旅程，我遇過網頁異常當機，忙了一整個通宵才終於修好（後來換主機了）。也遇過讀完一本書卻靈感枯竭，在最後一刻才文思泉湧的時刻（時常）。偶爾還會遇到一篇文章寫了兩個禮拜，前前後後改了又改，最後才得以問世（很多篇都是這樣）。

但是真正的「快樂」，是學會更換主機的寶貴經驗、是總算文思泉湧的喜悅、是按下發表之後的如釋重負。

一個人該感到開心的時刻，並不是當前方道路海闊天空和毫無困難的時候。而是當我們終於意識到，無論前方的路途有多麼艱辛，我們都不會屈服和退縮。快樂不是一路順遂的安逸，而是克服困難之後的獎賞。

我們常以為人生是一場「線性」旅程，是一段從「年輕春意盎然」邁向「老年晚冬遲暮」的旅程。我們以為一旦體驗了青春的精采，就逃不過晚年的凋零。而這是一場誤會。

人生是一場在樹林探索的「循環」旅程，我們會看到很多次的茂盛花開，也會見證很多次的樹葉凋落。盡情享受那些充滿活力的茂盛時光，但也別害怕短暫的凋零和落寞。因為假以時日，我們會得到新的滋養，重新成長和綻放。

有些人的一生，活得愈來愈像個冬天；有些人的一生，卻活出了好幾個春夏秋冬。我們期待遇到的，是啟程之後的無數個春夏秋冬。

勇氣不是與生俱來的

在「遇到叉路的選擇與勇氣」這部當中，我談到踏出舒適圈不要為了「刻意讓自己不舒服」而強迫自己踏出去。而是記得要為了下一個「更舒適的可能性」而選擇接受不舒適的磨練。我們可以選擇在「預設生存」的道路上進行嘗試和冒險，而不是在「預設死亡」的道路上進行豪賭。無論要做出任何抉擇，都要祝福選擇了另一條選項的自己，珍惜且努力活出最精采的樣貌。寧可在多年後說「我試過了」，而不要鬱悶地說「我錯過了」。

關於做出抉擇，我們常以為有些人天生就很有勇氣。但是，勇氣並不是與生俱來或既有的東西，勇氣是獲得的、是爭取來的。

第一次公開貼文很難，你試了，沒有想像中的酸民留言。第一次上台報告很難，你試了，沒有想像中的嘲笑挖苦。第一次開口拒絕很難，你試了，沒有想像中的死纏爛打。當你邁出第一步，發現想像中的艱難，其實沒有那麼難。

勇氣並不是一個人在艱難開始之初就擁有的東西，勇氣是一個人在經歷艱難、但發現它們並不是那麼艱難之後，所獲得的東西。嘗試愈多，勇氣愈多。**勇氣是後天養成的**。

對於勇於創造自我的人而言，這條路或許艱難，或許罕無人跡。但懂得培養獨立思考、發覺內在動力、掌握個人發展策略，才能在這個高度從眾的世代，走出屬於自己的路。

每個人都有自己要橫跨的沙漠，每個人都有自己要面對的課題。每個人都有十足的自主權，可以決定自己人生的方向，走出自己人生的路。

借用電影「刺激 1995」的經典台詞：「有些鳥兒是永遠關不住的，因為牠們的每一片羽翼上都沾滿了自由的光輝。總有些人，他們一輩子注定要活到極限，一輩子都想觸碰自己能力的邊界。」千萬不要因為眼前沒有天空，就忘了自己是一隻鳥。

後記

我喜歡在每一篇讀書心得的最後寫上「後記」，用來歸納和總結我對一本書的完整看法。而我卻在撰寫這本書的後記時十分猶豫，因為「打造自己的夢幻工作」對我而言是一個太重要的主題，是一個我想用這一輩子持續發展、體驗和傳播的主題。

如果這個主題真的這麼重要，重要到值得我寫出一整本書，那麼我不希望它結束。我認為這個主題不該結束才對。

就像是本書第一張圖（34 至 35 頁）「瓦基的成長飛輪」想傳達的意思，這 14 個行動步驟是一個持續前進的循環過程，只要我們還能呼吸的一天，它就不會停止。在人生的每個階段，無論是轉職、離職或創業，我仍然每一年重新省思一次自己未來理想的樣貌，調整自己的長期計畫，取捨每一個微型目標，然後繼續行動、採取實驗、決定放棄或做出改善。

雖然我透過這本書整理出一套具有理論基礎、執行步驟，以及我個人真實經驗的方法，我仍然不會稱它是所謂的「最佳實踐」。這本書真正展現的，是以我的能力所及，融合實戰經驗，最毫無保留的人生實踐。

我們不需要炫目的方法，而是親自去嘗試。

我們不需要繞路的捷徑，而是扎實地練習。

我們不需要過人的勇氣，而是接受不完美的自己。

這只是一個「平凡人的不平凡故事」。也只是一個平凡人想成就不平凡之事的做事方式。

我不想強迫自己在這邊劃下句點，我也不希望你讀到這邊就此打住。我想透過這本書的分享，給予你一些激發思考的觀點和行動的方法，幫助你勇於邁出自己的那一步，站上屬於自己的起跑線。

致謝

我以前曾經有過這種想法：「我的人生是一本符合普世價值的標準手冊，生命將我的書衣裝訂得十分精美，可是內容卻是乏善可陳。」這樣的書，我才不想要讀。我想活的，也不是這樣的人生。

首位獲得諾貝爾文學獎的非裔女性作家托妮·莫里森（Toni Morrison）曾經說過：「如果有一本書你想讀，卻還沒有人寫過，你必須把它寫出來。」而《只工作、不上班的自主人生》就是一本這樣的書，是我自己想讀的書，也是我想活出的人生。

沒有人寫過，那就自己寫出來。

但是寫書的這一路上十分艱辛。寫一本書不像寫部落格文章，難度比我想像的還要高出很多、很多。過程中我時常跟家人發牢騷，說我遇到的瓶頸和困惑，感覺都可以寫成另一本書了。由於我讀的歐美翻譯書比較多，覺得寫書就是內容要夠「硬」，因此第一份草稿有濃厚學術寫作的味道，反而顯得有點過於生硬。寫著寫著，我有點像在寫碩士論文的感覺，對自己賦予了過大的壓力，文字的呈現也不夠流暢。隨著編輯和親友給我的回饋，我才逐漸領悟到，這本書對讀者最有價值的不是對學術或理論的闡釋，而是我的思考方式和實踐經驗。我開始寫出大量的自身故事，說明我如何把抽象的知識與理論，轉化成實際可用的策略和做法。

首先我想感謝天下文化出版團隊，特別是我的編輯筱涵。如果沒有她的精雕細琢，這本書絕對不會以這種流暢好讀的樣貌問世。也因為有她的從旁協助，讓我得以發現寫書時的盲點和不足。每次我們來回編修之後，定稿和原始書稿之間的流暢度簡直是天壤之別，每每讓我發出讚嘆。我還想感謝副總編輯安妮，她總是能從讀者的視角出發，一針見血地問出文字背後的核心問題，也引導我寫出原本自己埋藏在記憶深處，但能帶給讀者洞見的個人故事。

接著我想感謝曾經給予本書回饋的親友們。謝謝我妹筑涵，給予我全力支持，也提供我更年輕的觀點來微調文字方向。謝謝堂弟莊懌，提點了一個關鍵的故事環節，這本書結語的靈感得歸功於他。謝謝文字小編幸如，在讀完了第一版書稿之後給我的回饋，就像是一劑強心針讓我鼓足勇氣繼續修稿。

我想感謝生鮮時書的創辦人鮪魚，從一開始還沒人注意到我時，他就慧眼獨具邀請我合作線上課程，讓我的技能和影響力能幫助到更多的人。他常笑說自己是最會幫助夥伴離職創業的人，這點我表示十分同意。我還想感謝生鮮時書的鈞荻，因為有她對課程的細心協助，以及牽線與 PressPlay 的合作，讓我的說書事業發展有了更扎實的底氣。我也想感謝簡報．簡單報的創辦人劉奕酉，他對於成為自由工作者的文字分享，帶給我許多心態和觀念上的重塑。我也要感謝《人生路引》作者楊斯棓醫師分享過的寫書三元素：要有中心價值、要打開人的心結、要鼓勵人們人生有希望，這三條指引是我寫書的重要依歸。我也想感謝台大 TMBA 共同創辦人愛瑞克在一場精采演講中提到利己與利他的比例配置，讓我思考人生下半場的時候有了值得參考的方向。

我想感謝前公司台積電的夥伴，尤其是我在開發團隊的前主管峻榮和旭水。他們猶如我的再造恩人，兩人在職場上給予我的信任和啟發，是激發我正面態度和養成專業技能的源頭。我還想感謝我在工廠團隊的前主管辭寒和世芳，如果不是他們的提攜和關照，我這隻誤入叢林的小白兔將無法發揮最好的貢獻。感謝曾經給予指點的主管和被我領導過的下屬，書中有太多的職場經驗和創業過程的完美融合，都跟你們曾經提供的幫助有關。

我想感謝我的父親順松，提供我無後顧之憂的成長之路，幫我建立起穩健和不畏艱難的心態。書中提到一段我與他之間艱難的離職溝通，是我畢生學到最多事情的一堂溝通課，對此我永懷感激。我想感謝我的母親惠敏，自小就採取開明和樂觀的培育方式，她灌輸給我助人為樂、眾人一同變好的價值觀，更是塑造了我人生方向的最重要元素。

我想感謝我的女友雨軒，若不是因為她的適切提醒，我仍然會沉浸在追逐外在名利的茫然之路。我最喜歡她總是對我的決定提出相反和質疑的意見，讓我先擁有不同的觀點和考量，然後透過深刻的討論之後才做出更明智的決定。感謝她給予這本書的全力支持，我一直到寫完整本書之後才發現，這是我寫過最長的一封情書。

推薦書目

我很喜歡的一句俗諺：「我們的篤定和平靜，來自我們讀過的書和走過的路。」雖然我無法親自帶每一個人踏上這條路，但我想加碼分享那些我讀過的書，讓讀到這裡的你，還能夠循著麵包屑前進，走出一條屬於自己的康莊大道。

Part1 畫出專屬你的人生地圖——從自己出發

- 《一個人的獲利模式》（*Business Model You*）：這本書的步驟，簡單且容易執行，讓我們有一個最基本的起步。
- 《做自己的生命設計師》（*Designing Your Life*）：教我們從一個設計師的視角去設計我們的人生，這個思維強調的是相信一個人的「可塑性」，我們具有無限可能。
- 《活出意義來》（*Man's Search for Meaning*）：閱讀這本

經典著作時，不需要強求當下就有什麼深刻體悟，可以透過作者的親身故事，漸漸體會那種惡劣環境與人性的拔河。

- 《黑馬思維》（*Dark Horse*）和《大器可以晚成》（*Late Bloomers*）：這兩本我推薦一起讀，讓我們先看懂社會講求「標準化」的原因，然後更重視自己「個體化」的追尋。從學生時期到職場生活，其實我一直覺得自己落後別人，長不夠高、不夠成熟、童心未泯。這兩本書讓我重拾對自己的信心，每個人都走在自己的時區，我們不需要處處與別人比較，而是主動且勇敢地決定自己的人生步調。

Part2 先想像終點，才能規劃路徑——制定目標

- 《無限賽局》（*The Infinite Game*）：這本書可以幫助我們擺脫傳統的有限勝敗觀念，轉而將人生的首要目標設定成不停地玩下去，讓賽局持續下去。如果仔細觀察，你會發現跟本書提到的「預設生存」觀念，有很多相似之處。
- 《長勝心態》（*The Long Win*）：讓我們學到從「現在」開始到很久以後的這段「漫長時間」，我們要每一

分、每一秒都活在當下、充滿活力地持續學習、建立連結和發揮影響力。擁有這種心態的人，難敗卻常勝。

- 《獲利世代》（*Business Model Generation*）：關於商業模式，我認為是非常值得一學，而且可以跟人生和職場做到緊密結合和應用的觀念。前文提到的《一個人的獲利模式》是屬於個人版的商業模式，我推薦搭配閱讀《獲利世代》，可以學到更多關於企業的商業模式，進而跟個人版本做出更深刻的聯想和套用。
- 《從 0 到 1》（*Zero to One*）：這本談創業成功學的經典之作，這本書可以一字一句緩慢地讀，認真去體會商業世界的奧祕。
- 《用你的不平等優勢創業》（*The Unfair Advantage*）：這本強調的是不平等本來就是常態，但是懂得運用自身不平等優勢的人才會搶得先機。決定我們成功與否的關鍵，是我們看待和運用自身優勢的方式，而非自身條件既成的事實。以上兩本書對於僵化思維的改造有著巨大的幫助。
- 《原子習慣》（*Atomic Habits*）：建立好習慣、戒除壞習慣聽起來是一件常識，但是「如何做到」就是這本書派上用場的時候。這本書的觀念可以應用落實到生命中的各種層面，為我們帶來巨大的影響。

- 《心流》（*Flow*）：講的是當我們全神貫注投入、沉浸在充滿創造力或樂趣的活動中時，體驗到渾然忘我的一種感受。而知道如何控制這種「內在體驗」的人將有能力決定自己的人生品質。當一個人進入心流體驗的時間愈多，就愈能提升自己本身的幸福感、加深對目標的堅持、擁有更積極的心態。
- 《子彈思考整理術》（*The Bullet Journal Method*）：這本書是很好的出發點。重點並不是哪一種筆記工具，而是我們必須體會「追蹤過去，釐清現在，設計未來」這套系統的重要性，並且落實到自己的生命當中。
- 《一小時的力量》（*Power Hour*）：雖然是以晨間習慣切入，但背後的重點是每天空出一小時的自主時間，長期下來將對人生造成深遠的正面影響。

Part3 保持動力的三種方法——內在動能

- 《刻意練習》（*Peak*）：這本書打破了我對於天賦認知的迷思，幫助我建立信心迎接任何學習過程中的挑戰，引述書中我最喜歡的句子：「學習不再只是一個實踐某種遺傳命運的方式，而是按照自己的選擇掌控個人命運與打造潛能的方法。」

- 《學得更好》（*Learn Better*）：清楚說明了學習的各個環節，讓無論何種資質或程度的人，都有機會採取書中的方式，循序漸進掌握學習的奧妙。記得，學會如何學習，將是一個人一生當中最重要的能力之一。
- 《與成功有約》（*The 7 Habits of Highly Effective People*）：書中談到「以終為始」的思考方式，我透過這本書認真思考自己跟身邊親友、同事、上司、讀者之間的關係，從而發現自己最在乎的那些關係。
- 《先問，為什麼？》（*Start with Why*）：這本強調想清楚「為何而戰」的書，我們可以應用書中的「黃金圈」理論來思考人生中的很多事情，讓我們能夠先見林後見樹。

Part4 啟程後的循環式優化——回顧與檢討

- 《完成》（*Finish*）：讓我們能識破完美主義的謊言，接納真實的自己，設定謙虛可行的目標。

- 《破框能力》(*Act Like a Leader, Think Like a Leader*)：我在前文提過「行動優先，熱情會隨後產生」，這本書強調採取行動的重要性，只有當我們真的在行動的當下，我們的大腦思維才會產生具體的變化，進而產生更深刻的改變。
- 《少，但是更好》(*Essentialism*)：透過作者的視角，深刻了解我們需要追求的不是「完成更多」，而是「有紀律地追求更少」。擁抱少即是多的觀念，生活反而會變得更好。

Part5 遇到叉路的選擇與勇氣——相信自己

- 《人生給的答案》(*Tribe of Mentors*) 套書：關於踏出舒適圈，我很喜歡翻閱這兩本套書，從專業人士的建議當中，開啟我們關於格局、勇氣、心態的嶄新觀念。
- 《人生複本》(*Dark Matter*) 和《呼吸》(*Exhalation*)：我也推薦這兩本科幻小說，透過沉浸於精采的故事，更深刻體會平行時空的觀念，以及人性的自由抉擇到底是怎麼一回事。
- 《窮查理的普通常識》(*Poor Charlie's Almanack*)：我

印象最深的就是「心智模式」的觀念，也就是大腦做出決定時所使用的工具箱；一個人工具箱裡有的工具愈多，就更有可能做出正確的決定。

- 《快樂實現自主富有》(*The Almanack of Naval Ravikant*)：這本是我很欣賞的矽谷天使投資人的語錄，這本書涵蓋了許多人生智慧，包含如何創造財富、如何思考、如何選擇、如何學會快樂。

最後，我想引用美國作家亨利．梭羅（Henry Thoreau）曾經說過的一句話：「真正能教給我東西的好書，不是讀完就算了。我必須把書放下，開始按照書的提點去生活。閱讀所起的頭，我必須用行動去為其劃下句點。」希望你將這份書單當成一個起點，用自己的實際行動去劃下句點。

國家圖書館出版品預行編目（CIP）資料

只工作、不上班的自主人生（暢銷增訂版）：人氣 podcast 製作人瓦基打造夢幻工作的 14 個行動計畫／瓦基（莊勝翔）著 . -- 第二版 . -- 臺北市：遠見天下文化出版股份有限公司，2023.10
面；　公分 . --（工作生活；BWL097）
ISBN 978-626-355-453-5（平裝）

1.CST：職場成功法　2.CST：生涯規劃

494.35　　112016014

工作生活 BWL097

只工作、不上班的自主人生：
人氣 podcast 製作人瓦基打造夢幻工作的 14 個行動計畫
（暢銷增訂版）

作者 — 瓦基（莊勝翔）

總編輯 — 吳佩穎
副總編輯 — 黃安妮
責任編輯 — 黃筱涵
校對 — 魏秋綢
封面與版型設計 — 張巖
插畫 — 陳裕仁（Marco Chen ）

出版者 — 遠見天下文化出版股份有限公司
創辦人 — 高希均、王力行
遠見・天下文化　事業群榮譽董事長 — 高希均
遠見・天下文化　事業群董事長 — 王力行
天下文化社長 — 林天來
國際事務開發部兼版權中心總監 — 潘欣
法律顧問 — 理律法律事務所陳長文律師
著作權顧問 — 魏啟翔律師
社址 — 台北市 104 松江路 93 巷 1 號
讀者服務專線 —（02）2662-0012 ｜傳真 —（02）2662-0007；2662-0009
電子郵件信箱 — cwpc@cwgv.com.tw
直接郵撥帳號 — 1326703-6 號　遠見天下文化出版股份有限公司

製版廠 — 中原造像股份有限公司
印刷廠 — 中原造像股份有限公司
裝訂廠 — 中原造像股份有限公司
登記證 — 局版台業字第 2517 號
總經銷 — 大和書報圖書股份有限公司｜電話 — (02)8990-2588
出版日期 — 2023 年 10 月 27 日第二版第 1 次印行

定價 — NT 450 元
ISBN —978-626-355-453-5
EISBN —9786263554689（EPUB）；9786263554696（PDF）
書號 — BWL097
天下文化官網 — bookzone.cwgv.com.tw

天下文化

BELIEVE IN READING